水产营养需求与饲料配制技术丛书

黄鳝泥鳅

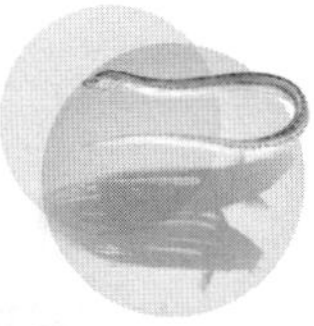

营养需求与饲料配制技术

余登航 主编　黄 峰 刘 军 副主编

U0389699

化学工业出版社
·北京·

随着我国黄鳝、泥鳅养殖迅速发展，其营养需求及饲料配制相关研究也有不少成果。本书从黄鳝、泥鳅的生物学特性和营养需求入手，详细介绍了人工养殖黄鳝、泥鳅的饵料选择、病害防治等，着重介绍了人工养殖饲料配方的原料、质量标准和配方技术以及饲料加工工艺。本书理论与实践相结合，实用性、可操作性强，可供黄鳝、泥鳅养殖专业户、水产技术推广部门指导生产使用，也可供有关水产科研人员和大专院校师生阅读参考。

图书在版编目（CIP）数据

黄鳝泥鳅营养需求与饲料配制技术/余登航主编.
北京：化学工业出版社，2018.10
（水产营养需求与饲料配制技术丛书）
ISBN 978-7-122-32820-5

Ⅰ.①黄… Ⅱ.①余… Ⅲ.①黄鳝属-淡水养殖-动物营养②鳅科-淡水养殖-动物营养③黄鳝属-淡水养殖-配合饵料④鳅科-淡水养殖-配合饵料 Ⅳ.①S966.4 ②S963.7

中国版本图书馆 CIP 数据核字（2018）第 184401 号

责任编辑：漆艳萍　　　　装帧设计：韩　飞
责任校对：宋　夏

出版发行：化学工业出版社
（北京市东城区青年湖南街 13 号　邮政编码 100011）
印　　刷：北京京华铭诚工贸有限公司
装　　订：三河市振勇印装有限公司
850mm×1168mm　1/32　印张 7　字数 185 千字
2019 年 4 月北京第 1 版第 1 次印刷

购书咨询：010-64518888　　售后服务：010-64518899
网　　址：http://www.cip.com.cn
凡购买本书，如有缺损质量问题，本社销售中心负责调换。

定　　价：38.00 元　

丛书编写委员会

主　任　张家国
副主任　周嗣泉
委　员　敬中华　冷向军　刘立鹤　聂国兴
　　　　潘　茜　余登航　徐奇友　张家国
　　　　周嗣泉

本书编写人员名单

主　编　余登航（武汉轻工大学）
副主编　黄　峰　刘　军（武汉轻工大学）
参　编　（按姓氏笔画为序）
　　　　刘立鹤（武汉轻工大学）
　　　　李建文（武汉轻工大学）
　　　　储张杰（浙江海洋大学）
　　　　熊江林（武汉轻工大学）

·FOREWORD·

前言

黄鳝、泥鳅因其特有的营养价值而受到消费者的喜爱，市场价格不断上扬，养殖效益日渐显著，人工养殖黄鳝、泥鳅发展迅速。但黄鳝、泥鳅人工养殖一直受到天然饵料及人工配合饲料缺乏的制约。为了降低人工养殖的生产成本，提高养殖者的经济效益，通过查阅国内外大量资料以及基于笔者的研究工作，我们编写了这本尽可能系统化涵盖黄鳝、泥鳅的营养需求及饲料相关知识的书籍，并希望通过对饲料配方设计、加工工艺原理和方法简明准确的描述，使黄鳝和泥鳅饲料生产企业能结合自身实际情况，掌握合理的饲料配方的设计方法和绿色、经济、高效的饲料产品的生产方法,并使我国广大养殖者更好地了解黄鳝、泥鳅的营养需求及饲料配制技术。

本书从黄鳝、泥鳅的生物学特性和营养需求出发,介绍了饵料种类、饲料中常用原料选择、饲料配方设计以及饲料加工工艺等。为了进一步提升本书的全面性、实用性和可读性，还特别设置了黄鳝、泥鳅的养殖现状、市场需求和发展趋势以及病害防治等相关内容，使从事黄鳝和泥鳅养殖、生产、研究及其他相关领域的读者尽可能获得一些值得参考的资料和信息,本书还可供水产养殖、动物科学及生物学等专业的学生阅读。

在本书编写的过程中，得到了国内多位专家、学者及水产同仁的关心与支持。在此，要特别感谢长江大学动物科学学院袁汉文老师，武汉轻工大学动物科学与营养工程学院邱银生教授、丁斌鹰教授、董桂芳老师在编写中给予的支持与帮助。本书共八章，第二章和第七章（第二、第三节）由武汉轻工大学动物科学与营养工程学院刘军编写；第四章由浙江海洋大学水产学院储张杰（第一节）和武汉轻工大学动物科学与营养工程学院刘立鹤（第二节）编写；第六章、第八章分别由武汉轻工大学动物科学与营养工程学院熊江林、李建文编写；其他章节则由武汉轻工大学动物科学与营养工程学院余登航主笔，黄峰参与编写；武汉轻工大学动物科学与营养工程学院研究生华东、常家智、邱逸忱等参与本书文献资料的文字和图片处理工作；最后由余登航统一整编文稿。

由于笔者水平有限，书中难免有不妥之处，恳请读者批评指正。

编　者

• CONTENTS •

目录

第一章 黄鳝、泥鳅概述

第二章 黄鳝、泥鳅的生物学特性

第三章 黄鳝、泥鳅的病害防治

第四章 黄鳝、泥鳅的营养需求

第七章 黄鳝、泥鳅的饲料配方技术

第八章 黄鳝、泥鳅的饲料加工工艺

参考文献

第一章

黄鳝、泥鳅概述

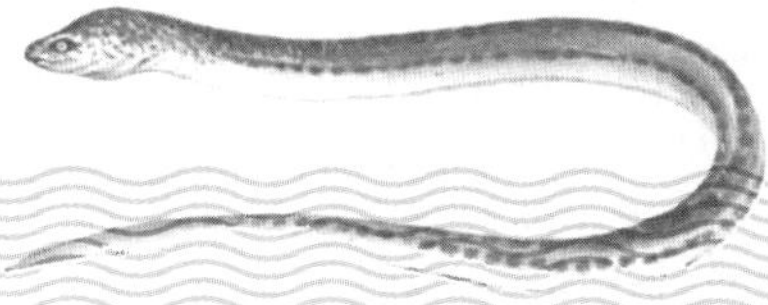

第一节

黄鳝的分布与价值

一、黄鳝的分布

黄鳝是一种亚热带淡水鱼类，分布很广，东经90°～150°、北纬43°以南地区均有分布。除西北和西南部分地区未见分布外，在我国都有黄鳝的天然分布。尤其在珠江流域和长江流域的各干流和支流、湖泊、水库、池沼、沟渠和稻田中更为常见。南方各省（如江苏、湖南、湖北、江西、浙江、广东、安徽等）气候较暖，产量较高，是黄鳝的主要产区。在国外，黄鳝主要分布在日本、韩国、泰国、老挝、印度尼西亚、马来西亚、菲律宾和印度等地，在澳大利亚北部和美国西东部等地区也有分布。由于黄鳝生长快、成活率高以及对养殖条件的适应性好，它被当作中国水产养殖的首选品种之一。黄鳝肉质细嫩，鲜美可口，营养价值高，具有滋补强身和药用功能，是人们喜爱的滋补水产品，深受消费者的青睐。

二、黄鳝的价值

黄鳝肉厚刺少，无肌间刺，肉质细嫩，营养丰富，味道鲜美，别具风味，且药用价值高，是深受国内外消费者喜爱的美味佳肴和滋补保健食品。据分析，每100克黄鳝肉中，含蛋白质18.8克、脂肪0.9克、钙38毫克、磷150毫克、铁1.6毫克，富含硫胺素（维生素B_1）、核黄素（维生素B_2）、抗坏血酸（维生素C）、烟酸（维生素PP）等多种人体必需的维生素；另外，还含有丰富的维生素A、维生素D等。鳝肉含热量为347.5千焦（83千卡）/100克，具有较高的营养价值。黄鳝肉中蛋氨酸含量较多，食用鳝肉可补充谷类氨基酸组成的不足。在30多种常见的淡水鱼中，黄鳝蛋白质含量仅次于鲤鱼和青鱼，钙和铁的含量居首位。黄鳝是深受国内外消费者喜爱的美味佳肴和滋补保健食品，在国内外市场上十分畅销。随着人们生活水平的提高，市场对黄鳝的需要量越来越大。有数据显示，目前国内市场年需求量超过400万吨，日本、韩国每年需从我国进口近30万吨，我国港澳地区的需求也呈增长趋势。黄鳝体内富含DHA、EPA和其他药用成分，在深加工和保健品开发上具有很大的发展潜力。

第二节

我国黄鳝产业的现状与发展趋势

一、我国黄鳝养殖的发展概况

黄鳝是我国淡水养殖中发展非常迅速的一个名特新品种。早在20世纪，国内不少地区都进行了黄鳝养殖的探索。长期以来，黄鳝的养殖方法均以水泥池静水养殖为主，这种方法由于养殖环境容易恶化，黄鳝容易受伤等原因，养殖成功的很少，使得黄鳝的养殖在20世纪70年代至80年代长期停滞不前。20世纪80年代主要是利用季节差价进行囤养，随后在小土池、水泥池中养殖黄鳝，因水质难以控制，投饵不当，导致鳝病多发，且黄鳝个体悬殊太大而相互吞食，养殖成功者较少，挫伤了黄鳝养殖户的积极性。20世纪90年代中后期开始，以江浙、湖北等地为先导，先后探索出了水泥池流水养鳝、稻田养鳝、稻田网箱养鳝及池塘、湖泊、水库、沟渠中网箱养鳝等方法，并取得了较好的养殖效果，但有些养殖方式因存在起捕率低、投资大等原因，没有在生产上得到大面积推广。1994年后，湖南常德、浙江湖州、湖北仙桃、江苏滆湖等地，先后开展了网箱养鳝试验，取得了较好的效果。如江苏省滆湖农场1998年采用池塘内放置中型网箱（规格为10米×3米×1.5米）进行网箱养鳝，获得成功。120只网箱养鳝面积计3600米^2（每只网箱面积30米^2），共投放鳝种6000千克，产商品鳝鱼1.25万千克，收入70万元，获纯利润50多万元，取得了较高的产量和显著的经济效益。网箱养鳝目前在上述地区已形成一定的生产规模。

目前，我国的天然黄鳝资源虽然还较丰富，但由于国内外市场黄鳝需求量增加，价格居高不下，导致一些人大肆捕捉，使得天然野生资源日趋下降，而市场需求量仍在猛增。同时，随着黄鳝加工品如“烤鳝串”“香鳝片”等熟食商品出口量的递增和国内市场的开发，黄鳝已成为当前乃至今后相当一段时间的走俏水产食品。另外，天然捕捞产量还受季节影响，主要集中在4～10月，而市场需求要求全年上市，天然捕捞产量是难以满足市场全年需要量的。因此，黄鳝人工养殖势在必行，且已成为我国水产业迫在眉睫的重要开发项目。目前我国开展黄鳝人工养殖的地区，主要有江苏、湖南、湖北、浙江、上海、四川、安徽、河南等省、市。其中湖南省湘阴县、安乡县，浙江湖州地区，湖北荆州、仙桃，江苏滆湖地区已逐步开展规模化黄鳝人工养殖，取得了较好的效益。因此，黄鳝人工养殖具有广阔的市场前景。

由于黄鳝养殖方式可因地制宜，能利用各种不同的水体进行养殖，使得黄鳝养殖得到迅速的发展，养殖技术日臻成熟，黄鳝养殖成为许多养殖者进行水产养殖的首选。目前，随着野生黄鳝资源逐渐减少，市场供需矛盾日渐突出，人工养殖黄鳝已成为特种水产业发展的必然趋势，预测近几年在珍珠热、鳗鱼热、甲鱼热、河蟹热之后，黄鳝作为具有市场前景的优良养殖对象，将成为新的养殖和加工热点。人工养殖黄鳝技术日益成熟和科学，且具有占地面积少、管理方便、成本低、经济效益显著等众多优点，正不断受到生产者的青睐。可以预料，随着黄鳝养殖技术的进一步完善和提高，黄鳝养殖业将在我国掀起一个新的热潮。

近年来，我国的黄鳝产业出现了良好的发展势头，养殖者养鳝的积极性不断增强，养殖形式也从单一池塘养殖发展到水泥池养殖、稻田养殖、网箱养殖、流水无土养殖等，养殖规模不断扩大。

二、我国黄鳝产业的现状

纵观国内黄鳝养殖状况，其主要的养殖方式有水泥池养殖、网箱养殖、稻田养殖等。从技术角度分析，其养殖方式大多为以获取季节差价的囤养方式，即将野生黄鳝在低价位时囤养起来，在高价位时销售。其囤养成效表现为负增长和零增长。由于技术含量低、管理方式缺乏规范、高回报和高风险并存，急需技术投入和建立专业化配套服务体系。随着黄鳝养殖业的发展，现已呈现出良好的发展态势，归纳起来主要有以下几方面。

1. 规模化、集约化养殖呈现良好势头

规模化、集约化养殖模式具有成本低、产品规格整齐、抗市场风险能力强、经济效益好等优势，受到广大养殖者的欢迎，这种养殖模式改变了传统的零星单池小生产经营，在很多地区逐渐铺开，形成规模，发展势头良好。如安徽淮南的皖龙鳝业有限公司的工厂化养鳝，湖北荆州等地的池塘网箱养鳝。

2. 我国黄鳝在国际市场上的地位日益提高

规模化、集约化养殖模式下生产的黄鳝，可以根据不同的市场需求，生产不同的规格以满足消费者的需要。随着大多数养殖者采用规模化养殖后，黄鳝产品的规格提高很快，在国际市场上逐渐受到青睐。我国黄鳝在国外市场供不应求就是有力的佐证。

3. 深加工产业初现端倪

目前除活鲜黄鳝出口外，已出现烤鳝串、黄鳝罐头、鳝丝、鳝筒等加工产业，黄鳝产业链条逐步从横向到纵向全面发展。黄鳝的加工提升了其经济价值，已越来越受到食品加工业的重视。

4. 产业科技受到空前重视

为了提高人工黄鳝养殖的效益，越来越多的专家和学者对黄鳝进行了较全面的研究，取得了一大批养鳝新技术和新成果。通过成果推广和应用，科技养鳝逐渐深入人心，黄鳝养殖业的科技含量大为提高，有力地促进了养鳝业的快速发展。

5. 网络媒体提升了黄鳝产业的发展水平

现代电脑网络传媒技术的飞速发展，使得很多养殖户利用网络传媒宣传和推介自己生产的黄鳝产品。信息的快速传播改变了传统经营模式，缩短了产品交易时间，节约了大量成本，黄鳝产业的发展也越来越好、越来越快。

三、我国黄鳝养殖中存在的主要问题

黄鳝养殖发展迅速，且规模日益扩大，但目前黄鳝养殖过程中还存在一些问题，阻碍了黄鳝养殖业的发展。归纳起来主要有以下几点。

1. 盲目扩大规模影响了黄鳝产业的健康发展

黄鳝养殖的利润很高。为了在短期内获得较高的回报，许多养殖者不顾规模养殖受自然规律的约束，在没有掌握过硬的养殖技术和种质资源没有保障的情况下，强行盲目扩大规模，最终导致血本无归，影响了黄鳝养殖业的健康发展。如为了获得相应数量的苗种和饲料，对黄鳝苗种的引进、动物性饲料的来源等环节把关不严，其结果通常是购进苗种质量良莠不齐，规格参差不齐，放养后的成活率低下；饲料质量差，供应也得不到保障，种鳝营养欠缺，经常发病，影响健康生长；其他生产技术或管理环节不过关，也会影响黄鳝的生产。

2. 苗种质量得不到保障

目前，黄鳝苗种规模繁殖技术还没有取得实质性突破，不能一次性地提供大批量的苗种，人工养殖的黄鳝苗种仍以野生的天然苗种为主，而天然苗种随着生态环境的恶化和滥捕，其资源越来越少，难以满足黄鳝养殖对苗种的需求，从而限制了黄鳝养殖规模化的发展。捕获的黄鳝，因嘴部受伤很容易识别剔除；药捕、电捕的黄鳝，在短时间内肉眼不易区别，下池后 7～15 天内会大量死亡；网捕、笼捕的黄鳝，若在同笼中停留时间过长，入池后死亡率相当高。暂养期间密度过高、水质恶化会引起黄鳝发烧、酸中毒等，入池后往往表现类似其他病害的症状，很难进行治疗。另外，鳝苗大量捕获的时期正值高温季节，暂养与运输不当，也会造成黄鳝在下池后大量死亡。因此，鳝种的质量在很大程度上由捕捞、暂养和运输方法所决定。由市场上收集而来的成鳝作为种鳝，很难保证黄鳝苗种的质量。

3. 投喂不科学而影响养殖效益

黄鳝是肉食性鱼类，在自然的野生条件下是以摄食动物性饵料为主。目前进行黄鳝养殖，大多数养殖者以投喂蚯蚓、小杂鱼等活饵料为主，很少有投喂人工配合饲料，而动物性饵料的资源有限，还存在着季节供应不均衡，生产缺乏连续性，时饱时饥，容易引起黄鳝自相残杀，也易诱发肠炎病、细菌性烂尾病，导致养成的黄鳝规格参差不齐、产量低下，从而极大地限制了黄鳝规模化养殖的发展。现在市场上已出现一些黄鳝的配合饲料，但从黄鳝的营养需求和对饲料的喜好来看，这些配合饲料还很难作为黄鳝的专用饲料。

黄鳝在野生环境下的摄食习性为昼伏夜出、偏肉食性、喜吃天然鲜活饵料。人工养殖黄鳝时，如果不能让黄鳝改变摄食习性，则会对养殖效果、人工饲料的利用率产生较大的负面影响。通过驯食，可以解决黄鳝偏食活饵料的问题。黄鳝是肉食性动物，若投喂单一的动物性饲料，会对其他饲料产生厌食。如果在饲养的初期做好驯食工作，使黄鳝摄食人工配合饲料，在今后的养殖过程中可以用来源广、价格低、增肉率高的人工配合饲料喂养黄鳝，对今后防病治病、投喂药饵也有好处。此外，调整黄鳝的摄食时间，野生黄鳝多在晚上出洞觅食，通过驯食，逐步调整投饵时间，使黄鳝在白天摄食。黄鳝驯食的时间通常需要 40 天左右，有些养殖者在驯食的中间阶段，看到有黄鳝在白天摄食，便停止驯化，其实这仅仅是部分黄鳝对驯食工作产生了条件反射，还有很多黄鳝处在摄食饲料的转化期，需要进一步加强和巩固。

4. 忽视养殖水质与水位的调节和控制

有许多养殖者在加注新水时，容易忽视对池水水位和水温的调节和控制。池水水位过浅，容易造成池水昼夜温差大；池水水位过深，黄鳝则要经常离开洞穴到水面呼吸空气，影响黄鳝的生长；加入的新水与养殖池中的水温温差过大，会引起黄鳝患感冒病。

5. 病害防治不及时

病害是规模养殖中最难处理的问题，很多养殖者就是因为对病害防治不及时而造成养殖失败的。黄鳝人工养殖过程中疾病较多，如细菌性的有梅花斑状病、烂尾病、白嘴病、打印病等，寄生虫病有锥体虫病、棘头虫病、毛细线虫病、独孤吸虫病等，此外还有黑点病、出血病、肠炎病、水霉病、水蛭寄生等。有些疾病（如出血病、烂尾病、肠炎病、发烧病等）如不及时进行预防和治疗，会造成黄鳝的大批量死亡。但对这些疾病的研究不多，很多病的病原体及致病原因还不清楚，防治方法及所使用的防病药物也主要是借鉴常规鱼的方法和药物，而黄鳝的特性与一般鱼类有很多不同的地方(如无鳞、穴居等)，这要求在疾病防治过程中，其给药方式、用药种类及剂量应有一定的特殊性。

四、我国黄鳝产业的发展趋势

从黄鳝的养殖现状及养殖过程中存在的问题可以看出，今后对黄鳝的研究主要应集中在以下几个方面。

1. 种苗生产实现批量化

尽管当前黄鳝种苗生产不尽如人意，但已引起有关部门和科研单位的高度重视。我国长江中下游地区诸多省份已将黄鳝的种苗生产列为重点工作内容和攻克方向，黄鳝种苗的批量生产问题在近期至少会得到一定范围的解决。

2. 投资黄鳝经营的主体多元化

现代化大生产离不开大中型企业的支持，黄鳝生产也是如此。黄鳝养殖较好的经济效益已开始受到商家的注意，并且已有一些商家开始投资这个产业，可逐步实现投资多元化。

3. 生产形式实现规模集约化

目前，工厂化集约化养鳝已形成较好的雏形，随着社会投资力量的参与和投资多元化的实现，零星的小生产形式将会被工厂化、集约化生产所代替。

4. 科研、生产、加工实现一体化

实现科研、生产、加工一体化是现代商品生产的必然趋势，将科技成果、技术专利直接与生产加工相结合，直接转化为生产力是发展的必然要求。目前黄鳝产业这方面工作刚刚开始，不久的将来可呈现蓬勃发展的局面。

第三节 泥鳅的分布与价值

一、泥鳅的分布

泥鳅广泛分布于东亚各国及东南亚等地区。在中国除青藏高原外，全国各地河川、沟渠、水田、池塘、湖泊及水库等天然淡水水域中均有分布，尤其在长江和珠江流域中下游分布极广，在中国西部（由东往西流向）的伊犁河里的种群也在不断地扩大，该条河流与哈萨克斯坦名湖巴尔喀什湖相同。在赣江的支流袁河流域和江西萍乡等地，泥鳅的人工养殖随着市场的需求量不断增加，养殖规模也在不断扩大，全国也都大体呈现这种趋势。泥鳅群体数量大，是一种小型淡水经济鱼类。

二、泥鳅的价值

泥鳅肉质细嫩、味道鲜美、营养丰富且富含矿物质和多种维生素，可食部分中含蛋白质 18.4～22.6 克，脂肪 2.9 克，碳水化合物 1.7 克，灰分 1.8 克，维生素 A 14 毫克，硫胺素 0.1 毫克，核黄素 0.33 毫克，尼克酸 6.2 毫克，维生素 E 0.79 毫克，钾 282 毫克，钠 74.8 毫克，钙 459 毫克，铁 3 毫克，锌 2.76 毫克，磷 243

毫克，其中B族维生素含量比黄鱼、虾类高3～4倍，维生素A、维生素C含量比其他鱼类也高，其所含的脂肪以不饱和脂肪酸为主，所以，它的营养价值在鱼类中名列前茅，民间素有“天上斑鸡，地下泥鳅”之说。泥鳅还具有很好的药用价值，其主要功效为补脾益气、滋阴壮阳、清热解毒、祛湿邪，对水肿、黄疸、痢疾等症也有治疗功效，被誉为“水中人参”，深受人们喜爱，不仅国内市场需求旺盛，而且国际市场销路很好，以日本、韩国需求量最大，近年来泥鳅价格节节攀升，市场严重供不应求。

第四节

我国泥鳅产业的现状与发展趋势

一、我国泥鳅养殖的发展概况

我国泥鳅养殖始于20世纪50年代中期，但养殖进展缓慢，规模也不大，且各地发展不平衡。许多地方仍以天然捕捞为主，人工养殖仍处于次要地位。多数地区的泥鳅养殖，除部分专业户外，仍以渔（农）户庭院或房前屋后的坑池养殖较为普遍，而且泥鳅人工养殖的技术应用还不太普及，加上由于规模小、养殖户分散，产量和效益都受到了一定的限制。20世纪90年代后期，泥鳅养殖开始从小水体养殖向规模化生产发展，养殖形式有池塘养殖、网箱养殖、水泥池养殖等多种养殖方式。

二、我国泥鳅产业的现状

纵观国内泥鳅养殖状况看，泥鳅的养殖品种主要以黄板鳅（大鳞副泥鳅）和青鳅混合养殖为主。由于黄板鳅生长较青鳅快且个体较大，是出口的理想品种，因此人工苗种繁育主要以黄板鳅为主。

随着泥鳅苗种人工繁育技术的进步，现在泥鳅养殖的苗种不再完全依赖野生苗种，发展到野生苗种与人工苗种共存的状态。目前规模化人工繁育优质大规格苗种的技术尚未成熟，但在科研院所、苗种繁育场的努力下，正在积极开展突破该项技术瓶颈的工作。以前的泥鳅养殖，主要是零星单池的小生产经营，连片集约化规模养殖只是近年来才出现的新的养殖形式，因为具有较好的经济效益，所以很快便受到群众的欢迎和重视。如池塘高密度规模化养殖模式近几年在各地得到了迅速的发展。以前只是农民利用房前屋后的空地、池塘、稻田零星养殖，而目前有一些社会力量看好泥鳅产业，已开始注入资金进行批量生产经营，泥鳅养殖业的投资呈现多元化趋势。

三、我国泥鳅养殖中存在的主要问题

泥鳅养殖发展迅速，且规模日益扩大，但目前泥鳅养殖过程中还存在一些问题，具体归纳如下。

1. 人工繁育的优质大规格苗种极为短缺

大规格苗种培育成活率低，不能进行规模化生产。目前泥鳅人工苗种主要是供应泥鳅水花苗和夏花寸片，由于大规格苗种培育技术尚未成熟，导致从人工苗种到大规格苗种的成活率很低，许多养殖户外购拿回去进行养殖的风险非常大，即使是经过人工饲料驯化了的夏花寸片，也要在经过苗种培育试验后再考虑大量引种养殖，否则养殖风险会大大增加。

2. 野生捕捞的泥鳅苗种质量不过关、数量不足

一是泥鳅苗种鱼龙混杂、以次充好，如将生长速度慢、长不大的泥鳅品种（如“花鳅”等）作为泥鳅苗种出售，养殖户辛辛苦苦一年下来，泥鳅增重一倍都不到，损失惨重，甚至有些养殖户为了减少亏损，把养了一年后长不大的泥鳅，冒充泥鳅苗种出售。二是目前泥鳅养殖苗种在较大程度上依赖野生资源，野生苗种一般采用药捕、电捕等对苗种伤害较大的捕捞方式收集，再经高密度暂养、长途运输这些环节，极易导致苗种体质下降，造成成鳅养殖的生长

速度慢，且成活率低。三是野生泥鳅生存环境的破坏致使野生资源越来越少，另外人工繁育苗种缺乏和良种选育的滞后，市场缺乏优质苗种，同时导致泥鳅苗种价格高位。

3. 泥鳅的养殖方式亟须调整

目前各地兴起的泥鳅池塘高密度规模化养殖方式，尽管有过高投入高产出的先例，但同时也出现了一些弊端，增大了养殖风险，需要尽快做出调整，探索新的养殖方式，实行养殖方式的多元化来规避养殖风险。养殖方式亟须调整的原因有三：一是在当前野生苗种质量差、人工繁育的优质苗种数量少、苗种价格高、养殖成本不断提高和缺少优质可靠的泥鳅配合饲料的情况下，这种高密度集约化养殖方式的风险急剧上升。稍有不慎，即由于成本高、病害、生长慢、商品规格小等原因而蒙受巨大损失。如一些泥鳅养殖户，为了快速致富，复制别人以前的泥鳅致富奇迹，亩放500千克泥鳅种，辛辛苦苦养殖一年，收获时增重一倍都不到，大多数都达不到上市规格。二是池塘高密度规模化养殖方式塘口面积小，池塘建造与防逃设施等费用高，高密度养殖常常导致增重倍数低，收获时成鳅商品规格小，很难养成20～40尾/千克的大泥鳅。三是以前一些池塘高密度规模化养殖是以赚取地区差价、季节差价为目的，为方便集中销售而以暂养为主、养殖为辅的养殖方式。随着近年来泥鳅野生资源减少及差价越来越小，这种养殖方式已逐渐失去了它的优势。

四、我国泥鳅产业的发展趋势

从泥鳅的养殖现状及养殖过程中存在的问题可以看出，今后对泥鳅的研究主要应做好以下几个方面。

1. 加大泥鳅苗种繁育

以科研院所和苗种繁育场为支撑，加大科研投入，力争早日突破苗种生产技术瓶颈，实现泥鳅大规格苗种规模化生产，摆脱对野生苗种的依赖，解决苗种质量、数量和提高苗种成活率的问题。同时积极开展泥鳅的遗传育种工作，选育生长速度快、抗病力强的优质良种资源，通过实现规模化苗种培育与良种相结合，从而确保源源不断地向市场提供优质苗种。

2. 创新泥鳅的规模化养殖方式

在泥鳅池塘高密度规模化养殖模式下，养殖风险大大增加。因此积极探索泥鳅与四大家鱼或养蟹池塘套养模式、大面积池塘亩产千斤主养模式、绿色无公害的稻田养殖模式等，可大大降低苗种投放量、饵料投喂量，进行合理密度养殖以获取更大的增重倍数，从而降低饵料系数，提高商品鳅规格。力求用尽量低的养殖成本来规避养殖风险，创造最大的经济效益。

3. 探索泥鳅的生态繁育与自繁自养新模式

充分利用农村的藕田、菱角田、稻田等，进行泥鳅鱼苗到大规格鱼种的培育，在不影响藕、稻产量的情况下，生产大规格优质苗种，用于池塘精养或鱼池套养。有些地方已经在做试验，但技术措施不到位，要么是清塘消除敌害不彻底，要么没有肥水培育生物饵料，要么是菱、藕密度太高使得水体光照太弱，有些地方把亲本放在菱、藕田里自然繁殖后，也没有采取措施把亲本捕捞上来，因此成活率不理想。如何合理进行生态繁育、自繁自养提高苗种成活率，还需要进行一定的试验和探索来解决。

第二章

黄鳝、泥鳅的生物学特性

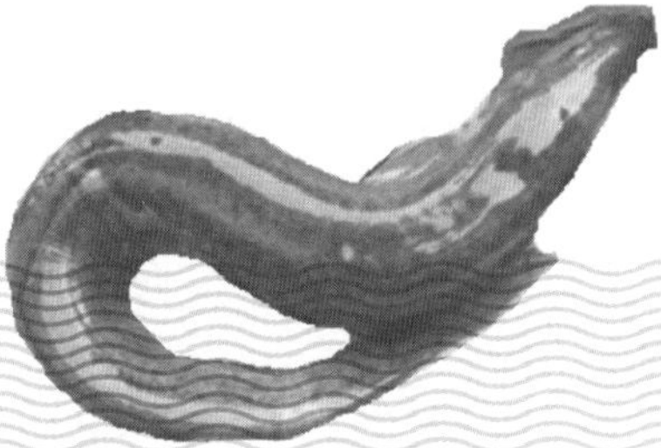

第一节

黄鳝的形态特征与主要养殖品种

一、黄鳝的形态特征

黄鳝（*Monopterus albus*），俗称鳝鱼、田鳗、长鱼、罗鱼、无鳞公子等。在脊椎动物分类学上，黄鳝属于硬骨鱼纲、合鳃目、合鳃科、黄鳝属。黄鳝的躯体呈鳗形且细长，一般长度为25～40厘米，最长80厘米。躯体前端为管状，向后渐扁，尾端比较尖细。其头部大呈锥形。口大，向前突出，上下颌比较发达，具有细小额齿。眼睛极小，且被皮膜所覆盖。具有两对鼻孔，且小，前后鼻孔距离较远，前鼻孔在吻端，后鼻孔在眼前缘上方。鳃孔狭窄，左右鳃孔在峡部愈合成一倒“V”字形的裂缝。黄鳝具有鳃三对，鳃丝极短，鳃丝数为21～25条，呈退化状。无鳃耙、无鳔，体表也无鳞，附着黏液丰富，构成组织病原体入侵的屏障。腹鳍、背鳍和臀鳍均退化，幼体留有不明显的皮褶。体背部多为黄褐色或青褐色，零散分布有黑色小斑点，腹侧为橙黄色、具淡色或

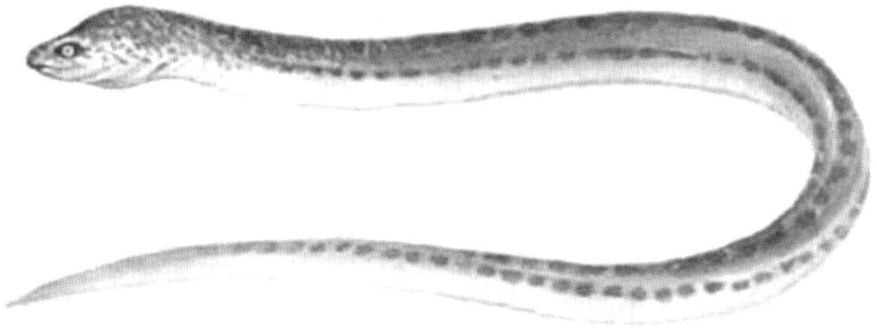

图 2-1　黄鳝

呈青灰色条纹（图 2-1）。

二、目前养殖黄鳝的品种

养黄鳝种苗是关键。不同黄鳝种群对环境的适应能力、生长速度、养殖效益是不同的。因此发展黄鳝的人工养殖，首先要选择好的黄鳝品种。我国黄鳝品种较多，现将四种主要的黄鳝种群特征、生长特性及养殖效益归纳如下。

1. 深黄大斑鳝

该品种黄鳝体形细长，呈圆形，身体匀称，颜色深黄，全身分布不规则的褐黑色大斑点。深黄大斑黄鳝对环境适应能力强、抗逆性强、生长速度快，个体大，饲养一年个体可达 300 克，肉质细嫩，品质好。深黄大斑鳝是人工养殖黄鳝的好品种。

2. 金黄小斑鳝

该品种黄鳝体形细长且匀称，身体浅金黄色，全身分布不规则的细密褐黑色小斑点。金黄色小斑鳝对环境适应能力较强，生长速度较快，但比深黄大斑鳝要慢，金黄小斑鳝肉质较好。

3. 灰色泥鳝

该品种黄鳝体形小而长，身体青灰色，全身分布细密黑色斑点。灰色鳝对环境适应能力较差、抗逆性不强、生长速度较慢，该品种饲养一年增重一般不超过 2 倍，养殖效益差，不宜作为黄鳝人工养殖品种。

4. 杂色鳝

该品种黄鳝体形不匀称，深浅白色，或浅黑色。杂色鳝对环境适应能力差，抗逆性也差，生长速度慢，该品种饲养一年增重一般不超过 1 倍，体形颜色也不好看，不宜作人工养殖品种。

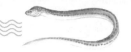

第二节

黄鳝的生态习性

一、栖息习性

黄鳝为底栖生活鱼类，适应能力较强，对水体水质等要求不严。多栖息于河流、池塘、湖泊、水田、沟渠的浅水水域和稻田中，夏出冬蛰。冬季栖息处干涸时，能潜入土深30～40厘米处，越冬数月之久。黄鳝栖息的水深一般不会超过10～20厘米，这一特点源于其呼吸功能和身体结构。当黄鳝在摄食、运动和气温较高时，必须以呼吸氧气为主，而其体内没有与其他鱼类的鳔功能一样的器官。一旦水位过深，黄鳝必须靠消耗体力游到水表层呼吸，这显然不利于黄鳝的栖息。黄鳝一般栖息于水位较浅的区域。在水深区域，如果有密集的水生植物漂浮生长，则同样可供黄鳝栖息。

黄鳝除了具有一般鱼类的生活习性外，还具有以下特性。

1. 洞穴生活

黄鳝喜栖息于腐殖质较多的水底淤泥中，在水质偏酸性的环境中能生活得很好。黄鳝常利用天然缝隙、石砾间隙或漂浮在水面的水草丛作为栖息场所。它们喜欢在水体的泥质底层或埂边钻洞穴居，白天栖息于洞穴中，夜晚则离开洞穴觅食。洞是由黄鳝用头部钻成的，钻洞时其动作相当敏捷，很快就可钻入土中。一般洞穴较深邃，洞长约为鱼体长的3倍。洞穴约离地面30厘米，洞口多为圆形，洞道弯曲，分叉多，每个洞穴至少有两个洞口，一般相距60～100厘米，长的可达200厘米。洞口光滑，其中必然有一个洞口在水中，供外出觅食或作临时的退路；另一个洞口通常离水面10～30厘米，便于呼吸，在水位变化大的水体中，有时甚至有4～

5个洞口。

黄鳝一般选择软硬适当的泥土钻洞，也在石块周围或树根底下打洞。在稻田中，黄鳝多沿田埂做穴，栖息在稻田中央的很少。黄鳝营洞穴栖息的特征并非是其生存的必然条件，而是为了达到种的延续目的经过长期自然选择形成的结果，其意义在于逃避敌害和避免高温严寒的侵袭。由于黄鳝生活于浅水层是其生存的必然条件，但栖息于这一水层极易受到禽鸟的攻击，并且该水层温度变化剧烈，所以黄鳝洞穴是栖息淡水层唯一有利于生存的途径。在人工养殖中，如能有效地解决这一冲突，则黄鳝放弃洞穴对其生存栖息和摄食生长并无不利影响。采用网箱和水泥池无水养殖获得成功就很好地说明了这一点。

2. 喜暗避光

黄鳝营底栖生活，昼伏夜出，白天很少活动，一般静卧于洞内，温暖季节的夜间活动频繁，出洞觅食，有时守候在洞口捕食，捕食后即缩回洞内。在炎热夏季的白天有时也出洞呼吸和觅食，这一特性有利于逃避敌害，也是机体自身保护的需要。眼退化且细小，并为皮膜所覆盖，视觉极不发达，喜暗避光。若长时间无遮蔽，会降低黄鳝体表的屏障功能和机体免疫力，发病率很快上升。这说明黄鳝在长期的进化过程中，已不适宜在强烈光照下生存。黄鳝的嗅觉和触觉灵敏，为觅食的主要器官。黄鳝对光刺激不太敏感，味觉不发达。

3. 喜温暖

黄鳝为变温脊椎动物，体温随外界温度的变化而变化。黄鳝的活动与水温有关，冬季有“蛰伏”的习性。水温高则藏身于洞穴中，水温低则停食，水温10℃以下时，便潜入泥土的深层。冬季常钻入20～25厘米深的泥土中越冬，达数月之久。当水温上升到10℃以上时，开始出洞觅食生长。

4. 耐低氧

黄鳝的鳃退化，从水中吸收溶解氧的能力大大下降，但其口咽腔内壁黏膜有直接呼吸空气的功能，黄鳝可竖起前半段身体，将吻端伸出水面，鼓起口咽腔直接呼吸。民间所讲的“望月鳝”就是在夏季炎热时，黄鳝为呼吸空气，将头伸出水面长时间地伫立，其形状若在夜晚好像在仰天望月。黄鳝的辅助呼吸器官对其生存具有重要的作用。若水体的水位过高，黄鳝头部没有伸出水面机会，时间长了就会憋死，所以养鳝池水位一般以 10～20 厘米为好。如果水体中溶解氧充足，口咽腔也能兼营水中呼吸。黄鳝在水中溶解氧十分缺乏时也能生活，它可以短时间离开水源而不死，可在潮湿阴凉的条件下，长途保鲜运输 1～3 天，成活率仍达 90%以上。黄鳝比一般鱼类耐低氧，溶解氧含量要求为 2 毫克/升以上。黄鳝因能耐低氧而易于进行长途运输和高密度养殖。

二、养殖环境

和其他鱼类一样，水域是黄鳝赖以生存的物质基础，其生长发育主要依靠水中提供的各种维持生命活动的物质，因此黄鳝的生长快慢与水体环境关系密切。黄鳝的生长、发育和繁殖，既受周围环境的制约，同时又影响周围的环境。要养好黄鳝，必须要养好一池水。一般来说，水质要符合肥、嫩、活、爽的要求，类似于其他养殖鱼类。现将养殖黄鳝时应具备的环境条件分述如下。

1. 水温要适宜

水温对所有的养殖鱼类是最重要的环境条件之一。黄鳝也不例外，其适宜生长的温度为 15～30℃，最适生长水温为 22～28℃。当水温下降至 10℃以下时，黄鳝停止摄食，钻入土中越冬。夏天水温超过 28℃时，黄鳝摄食量下降，水温高于 32℃时钻入洞底低温处蛰伏。在人工养殖条件下，因池底有水泥或砖的结构，黄鳝会浮游水面，长时间高温会导致其死亡，故应采取遮阳降温措施。在我国大部分地区，黄鳝是清明前后开食，中秋后吃食明显降低，11 月中旬停食，6 月份前后食欲旺盛，一年中黄鳝生长较快的季节是 5～10 月，因此，抓好这段时间的饲养管理，对获取高产是十分重要的。水温还会影响水体中其他水生生物的生长，影响各种有机物质的分解速度，从而也间接影响黄鳝的生长。因为一年四季中水温在不断变化，养殖者必须采取相应的降温和保温措施，保证黄鳝一年四季都能很好地生长。

2. 溶解氧要充足

氧气是各种动物赖以生存的必要条件之一，水生生物的呼吸作用主要靠水中溶解的氧气。溶解氧是指以分子状态溶存于水中的氧气单质，不是指化合状态的氧元素，也不是指氧气气泡。在养殖水体中，溶解氧的主要来源是水中浮游植物的光合作用，因此，在黄鳝养殖池中保持一定的肥度，对提供溶解氧很有作用。水中氧气的消耗，除物理因素外，主要是生物作用耗氧和化学作用耗氧。鳝池中黄鳝养殖数量的多少直接影响氧气的消耗速度。根据试验测定，一般在水温为23℃左右时，每千克黄鳝每小时耗氧30毫克左右。鳝池底泥中有机物及生物耗氧也较多，一般可达每天每平方米1克左右。黄鳝有辅助呼吸器官，能耐低氧，但是水中含氧量低于2毫克/升（四大家鱼为4毫克/升）时，黄鳝就会反常，出现浮头或吐食现象，严重时造成泛塘而大批死亡。水中溶解氧在3毫克/升以上时，黄鳝活动正常。经测定，黄鳝的窒息点是0.17毫克/升。若养殖水体经常缺氧，会影响黄鳝的生长和饵料的利用，还影响有机物质的分解和物质循环的进程，引起有毒代谢产物积聚，使生活环境恶化。因此，一定要保持水体中充足的溶解氧含量。养殖黄鳝的水体除了降低水温、勤换新鲜水以外，还要使水中浮游植物保持适当的种群密度和旺盛的生活状态。水生植物进行的光合作用，可以改善水质条件和提高水中的溶解氧含量。黄鳝的辅助呼吸器官发达，能直接利用空气中的氧气。因此，养殖水体中短期缺氧，一般不会导致黄鳝泛池死亡。

3. 营养盐类要适当

在物质循环过程中，水生植物（包括浮游植物）是“初级生产力”。水中的溶解盐是浮游植物生长、繁殖的营养源。营养盐丰富，黄鳝的天然饵料就丰富，因而产量也较高。黄鳝和其他鱼类一样都是异养生物，它们生长所需的物质和能量完全依赖于食物即饵料。在养殖水体中，饵料来源主要是人工投喂的饲料，同时利用一小部分天然饵料。在野生状态下，黄鳝则完全依靠天然饵料。众所周知，只有植物，特别是浮游植物的光合作用才是水体中有机食物的真正生产者，而这些植物的生长速率及产量，受水中营养元素的限制。因而水中营养元素丰富，搭配合理，则浮游植物数量就多，浮游动物数量也能增加，进而促使其他小型水生生物的增加，这就为黄鳝提供了一定数量的天然饵料。浮游植物在进行光合作用时，吸收黄鳝呼出的二氧化碳，放出新鲜氧气，增加了水体中的溶解氧，也大大地改善了水质。在营养盐中以氮、磷含量最为重要，如果水域中氮、磷含量低，就会影响浮游植物的生长。此时，可以适当施肥以增加水体中的营养盐类。当然，这还与水体的光照条件和水温有关。一般在适宜的光照和温度条件下，通过适当施肥增加营养盐类，特别是氮、磷的含量，对增加黄鳝的产量是有重要作用的。

4. 有机物质要适量

在天然水域中，有机物质的作用也是不可忽视的。有机物质是水中细菌、原生动物、大型水蚤及其他脊椎动物的食物来源，而这些动物又都是黄鳝直接的天然饵料，有时黄鳝就直接摄取有机碎屑。水体中有机物质的主要来源有光合作用的产物、浮游植物的细胞外产物、水生生物的排泄废物、生物残骸和微生物。水中有机物的存在对黄鳝生长有积极作用，因为它可作为黄鳝饵料生物的食物。水中的有机物质含量也是水肥程度的标志，适宜的有机物质耗氧量为20～40毫克/升，如果高于50～100毫克/升，表示投饵过多（或施肥过量），余下的食物将腐败，应立即停止投喂并添换新水，改善水质。

5. 有害物质要清除

养殖水体中有毒物质的来源有两类。一类是由水体内部物质循环失调生成并累积的毒物，如硫化氢、氨类等；另一类则是由外界环境污染引起的。鳝池中氨的来源，一是施用氮肥；二是鳝体中生物代谢的产物；三是池中有机物厌氧分解产生的。水体中最常见的有害物质是氨和硫化氢。氨过量会阻碍生命活动，甚至引起黄鳝死亡；硫化氢对多数生物具有毒害作用，而且会大量消耗水中的氧气，即使是微量存在，也是有害无益，必须及时除去。适量的铵态氮是有益的营养盐类，过多则阻碍黄鳝的生命活动。一般要求鳝池氨的含量不超过 4 毫克/升。硫化氢是水体中厌氧分解的产物，对水生生物有强烈的毒性，危害甚大。它有明显的刺激性臭味，一经发现养鳝水体水质败坏，应立即换水以增加氧气，或少量添加石灰水，使水呈中性或微碱性，以减少其毒性。目前外源性的毒物主要是农药。据初步试验，能杀死黄鳝的农药有苏化 203、敌敌畏和 1605，其致死浓度分别为 8 毫克/升、6 毫克/升、4 毫克/升。总之，在养鳝池中，应尽量避免各类有毒农药进入。

三、黄鳝的生长与年龄特点

黄鳝为变温动物，水温 32℃以上时食欲减退，并潜入水中避暑。黄鳝的生长期为 5～10 月份，其中 6～9 月份由于水体温度适宜，食物来源丰富等，所以生长最快。冬季来临时，开始穴居冬眠，冬眠期体内代谢缓慢而不吃不动，靠体内积累的营养维持生命。黄鳝生长的适温范围为 15～30℃，最适生长温度为 24～28℃，这与其摄食的适宜温度是一致的。

黄鳝的个体生长差异较大。相同养殖池的黄鳝，放养前相同体重的个体，经过一段时间的养殖，其体重会出现差异。在野生黄鳝中，这种个体大小差异表现得更加显著。例如，4 龄的野生黄鳝大的可达 90 克以上，而小的仅有 30 克，其个体尾重差异可达 60 克以上。黄鳝的这一特性要求在养殖生产过程中要定期检查黄鳝生长，将大小及时分开饲养，使同一池塘中黄鳝个体基本一致，以避免相互残杀，促进其生长，提高群体产量。

黄鳝的生长速度受遗传、年龄、营养、健康和生态条件等多种因素影响。总体情况是，在自然条件下生长较慢。李芝琴等《鄱阳湖黄鳝的生长特征》一文表明：在自然条件下，1 冬龄前黄鳝生长较慢，2～4 冬龄明显加快，5 冬龄后生长又变缓慢（表 2-1）。

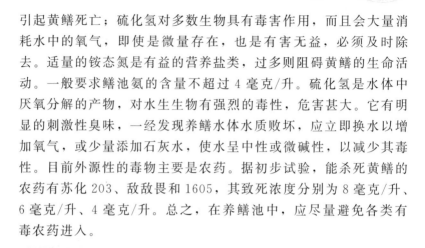

表 2-1　鄱阳湖黄鳝各年龄组的体长和体重

年龄	体长			体重		
	均值/厘米	年增长量/厘米	相对增长率/%	均值/克	年增长量/克	相对增长率/%
1冬龄	24.72	24.72		11.17	11.17	
2冬龄	33.40	8.68	35.11	35.20	24.03	215.13
3冬龄	41.05	7.65	22.90	64.09	28.89	82.07
4冬龄	47.79	6.74	16.42	109.05	44.96	70.15
5冬龄	54.79	7.00	14.65	158.74	49.69	45.57
6冬龄	62.32	7.53	13.74	230.56	71.82	45.24

在人工饲养条件下，黄鳝生长较快，黄鳝各年龄组的体长和体重见表 2-2。

表 2-2　人工饲养下的黄鳝各年龄组的体长和体重

年龄	体长/厘米	体重/克
$1\sim1^{+}$冬龄	20～34	19～96
$2\sim2^{+}$冬龄	30～45	74～270
$3\sim3^{+}$冬龄	42～55	178～360
$4\sim4^{+}$冬龄	53～66	340～725
$5\sim5^{+}$冬龄	60～70	650～900

四、繁殖习性

1. 黄鳝的性腺发育

生理上黄鳝有奇特的现象，就是雌雄同体和性逆转，即在没有外加因素的情况下，黄鳝能自身由雌性渐变为雄性。确切地说，是从胚胎期到性成熟都是雌性，雌鳝产卵后，卵巢逐渐变为精巢，第二次成熟进行繁殖时，生殖腺排出的不是卵子，而是精子。雌鳝变为雄鳝后就不再变了，终生以雄性存在。

根据张小雪、董元凯《黄鳝性腺发生与分化的研究》的探索，通过系统地观察仔鳝（苗）、幼鳝连续石蜡切片，率先对黄鳝性腺的发生与分化进行了较为详细的研究。在生殖腺分化结束时期，幼鳝生长第120天，平均体长为13.5厘米，为单一生殖腺，位于体腔右侧。生殖腺外观为乳白色。幼鳝生长第150天，平均体长14.1厘米，单一生殖腺。生殖腺外观，与第120天时相比，长度差不多，但明显增粗，且为淡黄色。生殖腺横切面为梨形，长径为530微米，短径为390微米，生殖腺内充满许多不同发育时期的卵母细胞。卵巢腔明显，生殖腔外披5微米厚的结缔组织被膜。黄鳝体内有卵巢，卵巢外有一层结缔组织形成的被膜，膜内为卵巢腔，充满形状各异、大小悬殊、不同发育阶段的卵母细胞，卵径0.08～3.7毫米。

黄鳝在排卵后，雌性生殖细胞逐渐败育，与此同时原始精原细胞生长发育，进入雌性生殖细胞和雄性生殖细胞共存的间性发育阶段。精原细胞发育形成精小囊，精小囊多分布在结缔组织间隙中，有的精小囊内的生精细胞已发育为初级精母细胞。伴随着精巢的发育，雄性生殖细胞经历了从精原细胞向成熟精子发育的变化过程。

2. 黄鳝性成熟与性逆转的年龄

全长20厘米左右的黄鳝可达性成熟，性成熟的年龄为1冬龄。

根据祖国掌等人《安徽淮河流域黄鳝繁殖生物学特性的初步研究》发现，黄鳝年龄与性别的关系如表2-3。

表2-3　黄鳝不同年龄与不同性别的分布频率

年龄	尾数	雌性		雌雄间体		雄性	
		频数	频率/%	频数	频率/%	频数	频率/%
1龄	34	34	100.00	0	0.00	0	0.00
2龄	112	73	65.18	11	9.82	28	25.00
3龄	43	14	32.56	9	20.93	20	46.51
4龄	14	2	14.29	2	14.29	10	71.42
5龄	5	0	0.00	0	0.00	5	100.00
6龄	2	0	0.00	0	0.00	2	100.00
合计	210	123	58.57	22	10.48	65	30.95

从表2-3可以看出，210尾标本中共有6个年龄组，其中2龄、3龄组较多，高龄组较少。虽然样本数有限，但实测数据表明，黄鳝1龄组全部为雌性，从2龄组开始转入雌雄间体阶段，2～3龄组黄鳝的性别基本上处于雌雄间体阶段，4龄组多为雄性个体，5龄组以上的黄鳝性腺都逆转为雄性。

3. 怀卵量、繁殖时间与繁殖行为

黄鳝的怀卵量少，绝对怀卵量一般为300～800粒，相对怀卵量为6～10粒/克体重。个体绝对怀卵量随体长而增加。全长20厘米左右时，怀卵量为200～400粒。全长50厘米左右时，为500～1000粒。从重量来看，黄鳝体重在25～50克的，卵量较多，颗粒小，每条产卵200～400粒，最多产1000粒左右。体重在75克左右的，不仅卵量多，颗粒大，饱满发亮，金黄色，有弹性。体重100克左右的卵巢较小；体重125克以上的无卵。

鳝鱼繁殖时段较长，在5～8月份，盛期为6～7月份，卵生，产卵地为栖息水域的岸边，或者穴居的洞口附近，有时也产于挺水植物或被水淹没的乱石块间（免受风浪和其他敌害的侵袭）。产卵时，亲鱼（母鳝）先在洞口外面吐出一团沫，然后把卵产于泡沫之间，受精卵借助泡沫的浮力在水面发育和孵化，卵分批产出。繁殖期间，双亲均有护卵、护仔的习性，即亲鳝守候在洞口保护。这种亲鳝爱咬鱼钩和人的手指，并有轻微的毒。一般亲鱼护仔到幼鱼卵黄腺消失，能自己游泳为止，约15天。

五、黄鳝的人工繁殖

1. 亲鳝来源和选择

亲鳝来源途径主要应采取人工专门培育的种苗，选择深黄大斑鳝等优良品种。要求体质健康、无病无伤、体形肥大、色泽鲜亮、体色呈深黄色。一般雌鳝要求体长30厘米以上，个体重100克左右。

2. 雌、雄亲鳝的鉴别

在繁殖季节，雌鳝腹部膨胀透明，性成熟的个体，腹部呈淡橘红色，并有一条紫红色横条纹。雄鳝头部较大，隆起明显；体背可见许多豹皮状色素斑点；腹部无明显膨胀，腹面有血状斑纹分布。

3. 亲鳝的培育

亲鳝在催产前需精心培育，使性腺达到成熟。培育亲鳝的放养密度，雄鳝2～3条/米^2，雌鳝7～8条/米^2。饲料以投喂优质活饵料蚯蚓或蝇蛆为宜，水深保持20～30厘米，经常加注新水，保持良好的水质，在池中放些水生植物（如凤眼莲等），起遮阴和保护作用。

4. 亲鳝的催产

催产剂选用促黄体生成素释放激素类似物即LRH-A，或绒毛膜促性腺激素（HCG），以使用LRH-A为主，其用量依据黄鳝个体大小而有所增减，见表2-4。

表2-4 不同体重的亲鳝的催产剂使用量

亲鳝性别	体重/克	1次性注射用量/微克
雌鳝	20～50	5～10
	25～150	10～15
	150～250	15～30
雄鳝	120～300	15～20
	300～500	20～30

（1）催产剂注射方法　每尾亲鳝注射的催产剂量为1毫升，操作时，由一人将选好的亲鳝用干毛巾包住鳝体，使腹部朝上，另一个进行腹部注射，进针方向大致与亲鳝前腹呈45°，针尖刺进深度不超过0.5厘米。由于雌雄亲鳝的效应不同，雌鳝产生药效比雄鳝慢。因此在实际操作时，雄鳝的注射时间须比雌鳝推迟24小时左右。注射好的雌雄亲鳝放入网箱中暂养，水深保持30～40厘米，注意经常冲注新水，暂养40～50小时后，即可观察亲鳝的成熟及发情状况。

（2）人工授精　将开始排卵的雌鳝取出，一手垫干毛巾握住前部，另一手由前向后挤压腹部，部分亲鳝即可顺利挤出卵，但多数亲鳝会出现泄殖腔堵塞现象，此时可用小剪刀在泄殖腔处向里剪开0.5～1厘米，然后再将卵挤出，连续3～5次，挤空为止。放卵容器可用玻璃缸或瓷盆，将卵挤入容器后，立即把雄鳝杀死，取出精巢，取一小部分放在400倍以上的显微镜下观察，如精子活动正常，即可用剪刀把精巢剪碎，放入挤出的卵中，充分搅拌［人工授精时的雌雄配比，视卵量而定，一般为（3～5）：1］，然后加入任氏溶液200毫升，放置5分钟，再加清水洗去精巢碎片和血污，放入孵化器中静水孵化。

（3）人工孵化　人工孵化时，可放于孵化缸中孵化，容积为0.25米^{3}的孵化缸可放受精卵20万～25万粒。在水温25～29℃的条件下，受精卵经6天左右孵化即可出膜。刚孵出的仔鳝，体长10～20毫米，侧卧于水底。出膜后5～7天，体长长到25～30毫米时，卵黄囊基本消失，色素布满头部，胸鳍、腹鳍退化消失，仔鳝开始正常游动和摄食，即可转入幼鳝池进行人工培育。

第三节

黄鳝的食性

黄鳝的摄食方式为噬食及吞食，以口噬为主，食物不经咀嚼即吞下，若遇到大型食物先咬住，并以旋转身体的办法将食物一一咬断，然后再吞食。黄鳝摄食动作迅速，捕食后，即以尾部迅速缩回洞内。由于黄鳝营穴居生活，视觉退化，眼很小并蒙有皮膜，又多在夜间活动。因此，其觅食主要靠前后鼻孔内发达的嗅觉小褶和触觉，来感受水流传过来的饵料生物发出的特殊气味和振动。当食物接近嘴边时，张口猛力一吸，将食物吸入口中。人们往往利用这一特点，用铁丝弯成的钩很容易钓到池塘或者水田边躲在洞穴里的黄鳝。

另外，黄鳝也较耐饥饿，长期不食，也不容易死亡，但体重日趋下降。黄鳝耐饥饿的能力非常强，即使是刚孵出的鳝苗，放在水缸中用自来水饲养，不另外喂食，2 个月也不会死亡。成鳝在湿润的土壤中，过一年也不会饿死。这可能是由于其长期生活在浅水水域，对经常发生干枯的环境适应的结果。黄鳝对饵料的选择较严格，长期投喂一种饵料后，就很难改变其原来的食性。

一、自然条件下的食性

在自然水体中，黄鳝主要摄食各种水生、陆生昆虫及幼虫（如摇蚊幼虫、飞蛾）、水蚯蚓、大型浮游动物（如桡足类、枝角类等），也捕食蝌蚪、幼蛙、小鱼、小虾及螺类等；此外，也兼食有机碎屑及丝状藻类。在食物组成中也有不少如黄藻、绿藻、裸藻、硅藻等浮游植物。

黄鳝在不同发育阶段，其食物组成存在差异。稚鳝（全长小于 100 毫米）前期主要摄食轮虫、桡足类无节幼体、小型枝角类，后期主要摄食水生寡毛类、摇蚊幼虫；幼鳝（全长 100～200 毫米）跟成鳝（全长大于 200 毫米）的食物基本相同，主要摄食蚯蚓、枝角类和桡足类等。有研究表明，选择水丝蚓作为稚鳝的开口饵料比选择浮游动物获得更高的存活率。值得注意的是，在黄鳝繁殖季节，在食物缺乏和环境条件恶化的情况下，部分鳝卵和稚鳝会被成鳝蚕食，表明黄鳝有互相蚕食的习性。

黄鳝通常在夜间进行摄食，在高水温季节，特别是盛夏，白天也出洞捕食和呼吸空气。黄鳝喜食活饵而且贪食，捕食时不经咀嚼就整个吞下。当水温降至 10℃左右，停止觅食；20～28℃为摄食和生长的适宜温度；28℃以上摄食降低；36℃为临界温度，即 36℃以上也停止摄食。黄鳝性贪食，在夏季活动旺盛时，摄食量加大。据报道，曾测定其日食量约占体重的 1/7 左右。黄鳝比较耐饥饿，长期不吃食，也不会导致死亡，但体重会明显减轻。摄食方式为口噬食和吞食，多以噬食为主。

二、人工养殖条件下的摄食

1. 人工驯食

黄鳝对饵料选择性强，一经长期摄食某种饲料，就很难改变其食性。因此，饲养初期必须用当地来源广、价格低、有保障的饲料不断进行驯饲。因野生黄鳝入池后有一个适应过程，这期间不但拒食，还会将入池前摄入的饵料呕吐出来。因此，一般在鳝种入池1周后才开始驯食。先将池水放干，再注入新水，即可开始人工驯食。刚开始时，应尽量顺应鳝苗的摄食习惯，在傍晚进行引食。引食饵料要用黄鳝最爱吃的蚯蚓、田螺、蚌肉等，将其切碎，分成几小堆放在进水口一边，并适当进水形成微流。第一次投饲量可为黄鳝体重的1%～2%，次日晨检查，如全部吃光，第二天可投喂2%～4%。如当天未吃完，次日早上捞出残饵，仍按头天量投喂。

等到吃食正常后，可在饲料中掺入来源较广的蚕蛹、蝇蛆、猪肺等动物下脚料，麦芽、麸皮、菜饼、豆饼、豆腐渣、颗粒饲料以及瓜果等饲料。第一次可加入1/5，同时减少1/5引食饵料，1周左右即可完全正常投饲。根据黄鳝夜间采食习惯，驯饲工作一般都安排在晚上进行。但晚上投饲操作不便，要逐步改晚上投饲为白天投饲。方法是：每天投饲时间向后推迟两小时，直至延至每天上午8～9时投喂1次，下午2～3时投喂1次。此时摄食正常的话，表明驯饲成功。

2. 饵料投喂

要实现科学高产养鳝，必须克服随意性，切实做到四定、四看原则，才能取得好的效果。

(1) 四定　四定就是鳝种经过驯饲养成白天摄食习惯后，就要遵守定时、定量、定质和定位原则人工投喂饵料。

① 定时。水温在18～28℃时，为黄鳝的摄食旺盛期，每天上午9～10时、下午2～3时各投喂1次。水温在15～18℃或28～32℃时，只需在每天下午2～3时或4～6时投喂一次（具体时间以

驯饲养成的时间为准)。

② 定量。日投饵量主要根据季节水温、黄鳝规格大小、数量多少来决定。具体地讲，水温在15℃左右开始投饲，日投饲量占黄鳝体重的3%；20～28℃时，可逐步增加饵料，鲜活饲料占体重的10%，其中动物性饵料占6%以上，配合饲料占2%～3%；水温低于20℃以下或高于28℃时，日投饵量占黄鳝体重的5%～6%(其中动物性鲜活饵料4%～5%，配合饲料等1%～2%)。由于黄鳝很贪食，往往一次吃得很多或将大块饲料吞入腹中，造成消化不良，严重的会胀死。因此，一定要将饲料切碎切细，上午、下午各投喂一次较好。一次投饵过多，不但浪费饲料，增加成本，败坏水质，影响养殖效果，还会造成以大吃小的现象。对吃不完的残食，要及时捞出。

③ 定质。黄鳝喜食新鲜饵料，灰食变质食物。投喂动物性饲料最好是鲜活的，病死的动物内脏、肉和血等都要煮熟后投喂，发霉变质饵料千万不能投喂。

④ 定位。饵料宜定点投放，这样既可使黄鳝养成集中摄食习惯，而且有利于观察摄食及健康情况，以便及时调整投饵量。投饵点个数以每百平方米2～3个为宜，最好选在阴暗处，且尽可能将投喂点集中在池的上水位。这样，饲料一下水，气味就散遍全池，使黄鳝迅速吃食。

(2) 四看

① 看季节。由于黄鳝食量四季不等，两头少，中间旺。6～9月的投饵量要占全年的70%～80%，特别是7～8月每天至少上午、下午各投喂1次。

② 看天气。晴天多投，阴雨天少投，闷热天、下雨天或阵雨前不要投，雾天要待散雾后再投。水温高于28℃或低于15℃时，要减少投饵量。

③ 看水质。水淡时增加投饵量，水浓时适当减少投喂量。

④ 看食欲。黄鳝活跃，食欲旺盛，抢食快，在4小时内全部吃光的，应增加投饵量。反之，则适当减少投喂量。

第四节

泥鳅的形态特征与主要养殖品种

一、形态特征

在分类学上，泥鳅属于鲤形目、鳅科；体表灰黑色，背部深灰黑色，腹部灰白色，头及体侧及各鳍均有许多不规则小黑斑，尾鳍基上方一般具黑斑，背鳍和尾鳍各有数列不连续的斑点。体长为体高的5.3～6倍，为头长的5.8～6.8倍。头长为吻长的2～2.5倍，尾柄长为尾柄高的0.9～1.2倍。体中等长，前部圆柱形，后部侧扁。头部较小，其长小于体高，口为亚下位，呈马蹄形；吻长，远小于眼后头长。嘴角附有须5对，最长1对颌须末端达到或超过鳃盖骨中部。眼小，侧上位，眼下无刺。背鳍距吻端较尾鳍为远，起点在背鳍之前，胸鳍远离腹鳍，腹鳍不达臀鳍，臀鳍略长，但没有到达尾鳍基部，尾鳍圆形。尾柄皮褶极为发达，上皮褶较高而长，起点靠近背鳍基末端；下皮褶起点与臀鳍基末端相接，末端均与尾鳍相连。

体色因生活环境不同而有所差别，一般常为灰褐色。体被细小圆鳞（埋于皮下），纵列鳞150～162，鳔前室包于骨质囊内，后室缩小，仅留痕迹。侧线完全，黏液丰富。偶鳍较小，奇鳍较长，尾鳍圆形。尾柄背腹各有一脊，与尾鳍相连背鳍、尾鳍具小黑斑组成条纹。

二、目前养殖泥鳅的品种

常见的泥鳅养殖品种主要是以大鳞副泥鳅和真泥鳅为主。

1. 大鳞副泥鳅

身体较长而侧扁，腹部较浑圆。体长与体高之比较普通泥鳅为宽且短。口亚下位。有须5对，口角一对最长，末端远超过前鳃盖骨后缘。背鳍起点约在前鳃盖骨至尾鳍基部距离的中点。背鳍没有硬刺，为不分支鳍条。尾柄具有明显的皮褶棱，且较高。腹鳍距臀鳍较近而距胸鳍较远。尾鳍圆形。身体背部及体侧上方从吻端到尾基布满黑色小点，下腹部呈灰白色。胸鳍、腹鳍、臀鳍灰白色，背鳍及尾鳍具黑色。大鳞副泥鳅较普通泥鳅的身体为短，口角须较长，尾柄有发达的皮褶棱，侧线鳞数目较少，区别较明显（图2-2）。主要分布在南方各水系。

图 2-2　大鳞副泥鳅

2. 真泥鳅

又名泥鳅、青鳅、圆鳅，体长39.7～170毫米。身体呈长筒状，尾部侧扁，体高为体宽的1.2～1.4倍，腹部宽圆。尾柄上下缘略有皮棱。头钝锥状。吻略突出。眼侧上位。眼间隔宽于眼径，前鼻孔有短管状皮突。口亚下位，呈马蹄形。吻须1对，上颌须和下颌须各2对。唇厚，下唇有4须突。鳃孔侧位。鳃盖膜连峡部，鳃耙短小。鳔小，包在两球形骨鞘内。肛门位于臀鳍稍前方。鳞极细小，体表富有黏液，头部无鳞。侧线侧中位，常不明显。背鳍位体中央稍后，臀鳍位于腹鳍基与尾鳍基的正中间。胸鳍侧下位，成年鱼呈圆形（雌鱼）或尖形且第一鳍条很粗长（雄鱼）。腹鳍始于背鳍起点下方或略后，雄鱼鳍较长。尾鳍圆形，体背及体侧上部呈灰黑色，散有黑色斑点，体侧下半部灰白色或浅黄色。尾鳍和背鳍较灰暗且有小褐点；其他鳍为淡黄色或灰白色，尾鳍基中央稍上方常有一亮黑斑。体色随栖息地的不同而有变化（图 2-3）。我国东部南北各水系均有分布。

图 2-3　真泥鳅

第五节

泥鳅的生态习性

一、栖息习性

泥鳅是底层温水性鱼类，多生活于软泥底的湖泊、河沟、池塘以及稻田中的浅水水域。生存适宜水温为 5～35℃，最适生长温度为 25～28℃，当水温上升到 30℃以上时，即钻入淤泥中度夏；水温降到 5℃以下时，潜入泥土中冬眠。泥鳅对环境的适应性很强，有三种呼吸方法，即鳃呼吸、皮肤呼吸和肠呼吸。泥鳅在夏季昼伏夜出，白天钻入泥中，只露出头部，用以呼吸和摄食。冬季钻入泥底，靠肠呼吸来维持生命。一旦水体中溶解氧不足，就浮到水面吞吸空气，在肠管内进行气体交换。在潮湿的草地、沼泽地中靠皮肤和鳃上器官呼吸空气，能正常生活数小时甚至几天。

二、生长特性

泥鳅的个体较小，属小型鱼类，成熟个体一般 10～30克/尾，最大个体仅 80 克。在最适生长条件下，平均日生长速度为 0.2 克左右。耐低氧能力强，水体中溶解氧只有 0.16 毫克/升时仍能存活。适宜高密度养殖，在人工养殖条件下，群体生长速度比一般鱼类快。在人工养殖条件下，通常 2～4 厘米的个体，每月可增长 1.3～1.6 厘米，当年的苗种可长至 10 厘米、体重 10 克左右的商品规格。

泥鳅的生长速度，除了与环境条件密切相关外，人工养殖条件下，主要取决于饵料质量、饲养技术水平。一般初夏早繁苗，当年体长可达 6～10 厘米（5～6 克/尾），第二年年底，可长成体长 13～15 厘米、体重 15～20 克的个体。

在南方地区，当年繁殖的鳅苗到年底体长 10 厘米左右。在北方地区，当年繁殖的鳅苗到年底体长为 6 厘米左右。

三、繁殖习性

1. 泥鳅两性生殖系统

雄鳅最小性成熟个体体长在 6 厘米以上，性成熟较雌鳅早。雄鳅精巢 1 对，位于腹腔两侧，呈带状且不对称，右侧的精巢比左侧的长而狭窄，重量也轻一些。

2. 繁殖时间

泥鳅 1 龄即可性成熟，春季当水温达到 18～20℃时便开始自然繁殖。泥鳅为多次产卵鱼类，每次历时4～7天，产卵期从4月底或5月初开始一直维持到8月份。产卵最盛期是5月中下旬到6月下旬。产卵场一般选择水田、池沼、沟渠和有清水流入的浅滩，产卵时间常在雨后或夜间。

3. 繁殖行为

泥鳅喜在雨后晴天的早晨产卵。产卵前，雌鳅在前面游动，数尾雄鳅在其后紧追不舍，发情时，雌鳅、雄鳅多活动在水表面和鱼巢周围，当发情达到高潮时，雌鳅、雄鳅的头部和躯体互相摩擦并相继游出水面。数尾雄鳅在水面追逐一尾雌鳅，最后仅一尾雄鳅卷住雌鳅的躯干，以刺激雌鳅产卵，同时雄鳅也排出精子，进行体外受精，这种动作因个体大小不同而次数也不相等，个体大的可在10次以上。

4. 怀卵量

雌鳅的怀卵量与个体大小有关。一般体长10～15厘米的个体怀卵量为7000～10000粒；体长20厘米，怀卵可达2.5万粒。由于卵在卵巢内成熟度不一致，每次排卵量为怀卵数的50%～60%。

5. 受精卵特性

卵较小，卵径0.8～1.0毫米，吸水膨胀后为1.3～1.5毫米。卵黄色，为半黏性，黏附力不强，黏附在水草或石头上孵化，但易脱落。在饵料不足时，卵易被泥鳅吞食。

四、人工繁殖

人工繁育鳅苗，既可解决鳅苗不足和供应不及时的问题，又能降低成鳅生产成本，提高泥鳅养殖的经济效益。泥鳅人工繁殖包括亲鳅培育、催产孵化和苗种培育三个环节。

1. 亲鳅培育

（1）亲鱼池的建造与消毒施肥　亲鱼池的建造，要选择背风向阳、灌水方便、水源充足、水质好、无农药和工业污染的地方建池。总需要面积的多少视苗种需要量而定，一般每平方米水面可养殖泥鳅亲鱼50～60尾，有流水的水面可以增加放养量。每尾雌性亲鱼怀卵量为7000～10000粒。再根据产卵率、卵的孵化率和鱼苗、鱼种成活率，即可估算出亲鱼池的总需要面积。每口池的大小也要依实际情况而定，可大可小。一般以50～300米^{2}为宜，土池为好。要求池深1.5米。

鱼池施肥消毒。鱼池以腐熟的有机肥作基肥，每亩施1500～2000千克。施肥方法：一是平面撒施，即首先在池底均匀铺20厘米厚的淤泥，再将有机肥均匀撒在淤泥上；二是沟施，即在距池四周1～1.2米远的地方挖沟，沟宽40厘米、深50厘米，根据池的大小，可挖“口”字形、“十”字形或“井”字形沟，将有机肥与挖出的沟泥拌匀填回沟内即可。池塘消毒：施肥后注入过滤的水，使水深达到20厘米，然后按每亩水面80千克生石灰的用量，将生石灰加水溶化并调成石灰乳，趁热全池泼洒消毒，10～15天后再注入经过滤后的新水至池水深50厘米。再过2～3天，投放水藻（硅藻、绿藻或蓝藻）及水浮莲。但要求水浮莲不超过池水面积的1/3。

（2）亲本选择　作为繁殖用的泥鳅种鱼（即亲本）必须健壮无病，体表完好无伤、体长达到10厘米以上，雄鳅体重15～20克、母鳅25克左右，均为2龄鳅。要将雄鳅、雌鳅分池投放。如果是用收购的种鳅或从野外捕捞的泥鳅作种，下池前，必须进行鱼体消毒处理，即用3%的盐水将其浸泡10分钟，以杀灭其体表的病菌和寄生虫。

（3）亲本饲养　建造饵料台。饵料台可用钢筋或竹、木制作，台面为70厘米见方，台脚高30厘米，台面距水面25～30厘米，台面用聚乙烯网布绷紧固定。每亩水面设置泥鳅食台10个。

种鳅要按雌、雄分开下在不同的池中，不宜混养。下池3天后开始投饵，可将动物性、植物性饲料捣成团投在食台上。每天投喂量依水温而定，水温在25～27℃时，泥鳅食欲最旺，食量最大，水温超过30℃或低于15℃时，可以不喂。水温20～28℃时，投喂量为在池种鳅总体重的3%～4%，每天投喂3次，投喂饲料时遵循“定时、定点、定质、定量”的投喂原则，投饵前应检查吃食情况，如发现未吃完，应减少投喂量。一般以投饵后2～4小时吃完为度，还要每隔3～5天清洗一次饵料台，以防疾病发生。

（4）亲本管理　种鳅管理要注意四点：一是控制鱼池水色。水色以黄绿色为最佳，其次为黄褐色。如果水色变黑，则要减少施肥并加注新水。还不行的话，则要以新水换掉池中1/3的老水。二是要定期施肥和池水消毒。鳅种在饲养期间，可用麻袋或饲料袋装上有机肥浸于水中作追肥，有机肥用量为0.5千克/米^{2}左右。也可直接将肥料撒于池中。还可撒施化肥，施肥量要根据池水水色而定。必要时，还要定期用保健药拌饵料投喂；三是加强早、中、晚巡池，发现泥鳅浮出水面呼吸则说明水中缺氧，要及时加注新水或开启增氧机，尤其是闷热天和雷雨天更要注意防止泥鳅缺氧；发现池中有漏洞要及时补好；发现有病、死泥鳅，要查明原因，并及时采取防治措施，病死鳅要及时捞出并作无害化处理；要预防泥鳅天敌危害，特别是鸟类危害，在条件许可的情况下，可在池上覆盖渔网防鸟害；四是抽水冲鱼。种鳅养殖20天左右，可用抽水机抽取本池池水冲击本池，早、晚各1次，每次20～30分钟。这样，可促进种鳅性成熟。

2. 催产与孵化

（1）亲鱼催产　泥鳅的生殖期是4～8月份，以5～7月份为产卵盛期。产卵孵化的水温要在22℃以上，以24～25℃为最适温。当达到这一水温时，就可将亲本起水放在清水中放养2～3小时，使其排空粪便，然后进行药物催情。其方法是：用湿毛巾包裹种鳅（以防滑落），使其腹部朝上坦露，然后在距泥鳅头部2厘米处肌内注射（注意针头与鳅体呈40°）鱼用促性腺激素（100～150国际单位/尾，雄性减半）或2～3个青蛙垂体。注射后将种鳅放入清水中10～15分钟再放入产卵池。

（2）产卵孵化　泥鳅产卵池中要放入棕片等，作为鳅卵的附着物。鳅种经激素催情后，在12～24小时产卵于附着物上。然后将附有鳅鱼卵的附着物取出放入孵化池或孵化槽或大盆中，给予微流水冲击，受精卵经2天左右即孵出泥鳅幼苗，苗体长3～4毫米，附在附着物上很少游动，靠卵黄囊供给营养。3～4天后卵黄囊消失，鳅苗开始游动吃食。

3. 苗种培育

孵出1～5天的鳅苗一般在孵化池中饲养，密度为2000～4000尾/米^2（有微流水的可增加放养量），每10万尾鳅苗每天饲喂研成汁状的熟鸡蛋黄1～2个，分多次投饲。每天换水2次。再以蛋黄和枝角类（红虫）饲喂5天，即可转入鳅苗、鳅种池中喂养。

鳅种池面积一般以300米^{2}左右为宜。池的四周用砖或水泥板等砌成，要求无渗漏而坚固，进水口、排水口要设防逃装置。池底要挖鱼溜。放养前要按种鳅池的准备办法进行施肥和消毒，培养枝角类（红虫），10～15天后投放鳅苗，投放量以约1000尾/米^{2}为宜。放养初期只在鱼溜内注满水，并投饵饲喂，等鳅苗习惯后，再逐步注入经过滤的池水，使之达到30厘米，继而再达到50厘米深度。另一种方法是直接将苗种池灌水50厘米深，将鳅苗放入池中网箱内暂养半天，并喂给蛋黄浆（苗种池的水温与孵化池水温不能相差3℃以上，以防鳅苗应激死亡）。

第六节

泥鳅的食性

一、自然条件下的摄食

1. 食物组成

泥鳅为杂食性鱼类，在天然水域中以昆虫幼虫、小型甲壳类动物、小型藻类（硅藻、绿藻、蓝藻、黄藻等）、植物碎屑、腐殖质等为食。与其他鱼类混养时，常以其他鱼类吃剩的残饵为食。

池塘排水沟中主要摄食弯尾溞、尖额溞、剑水蚤、介形虫、盘肠溞及其他小型甲壳动物和水生昆虫，兼食双星藻，是典型的杂食性鱼类；水稻田中的泥鳅，以介形虫、剑水蚤、尖额溞为主，以摄食水绵为辅，偶尔摄食其他水生动物。这说明，泥鳅在水稻田里是以摄食水生动物为主，以水生植物为辅的杂食性鱼类；污水沟中的泥鳅主要摄食蚊子幼虫。

2. 摄食行为

在天然水体中，泥鳅一般白天潜伏，傍晚到半夜出来觅食。

研究表明：泥鳅幼苗阶段摄食动物性饲料，然后转向杂食性，成体以摄食植物性饲料为主。产卵期间亲鱼摄食多，雌鱼比雄鱼摄食多。

二、人工养殖条件下的摄食

1. 驯食

野生泥鳅驯养方法：在下塘的第 3 天晚上的 20 时左右，分几个食台投放少量人工饲料。以后每天逐步推迟 2 小时投喂，并逐步减少食台数目。约经 10 天驯养，使野生泥鳅适应池塘环境，并从夜间分散觅食转变为白天集中到食台摄食人工配合饲料。如果一个驯化周期效果不佳，可在第一周期获得的成果的基础上，重复上述措施，直至达到目的。

2. 饵料组成

人工饲养还应投喂蛆虫、蚯蚓、小杂鱼肉、蚌肉、鱼粉、畜禽下脚料等动物性饲料及麦麸、米糠、豆渣、饼粕等植物性饲料。不同水温条件下植物性饲料和动物性饲料投喂比例：水温低于 10℃或高于 30℃时，少投或不投；水温 11～20℃，植物性饲料占 60%～70%，动物性饲料占 30%～40%；水温 21～23℃，植物性饲料和动物性饲料各占 50%；水温 24～29℃，植物性饲料占 30%～40%，动物性饲料占 60%～70%。

3. 投饵技术

人工养殖时，白天是摄食高峰期。一般在上午 7:00～10:00 和下午16:00～18:00。要求定时、定点、定质、定量投喂。投喂量视水质、天气、摄食状况而定，水温适宜时每天早、中、晚各投喂1次，水温较低时每天上午、下午各投喂1次。投喂量占在池泥鳅体重的百分比：3月，1%～2%；4～6月，3%～5%；7～8月，10%～15%；9月，4%。一般200～300米^{2}设一个投饵点或饵料台。投喂的饲料要新鲜，不要投喂腐败发霉的饲料。每天上午、下午各投喂1次。每次投喂的饲料量以2小时内吃完为宜。

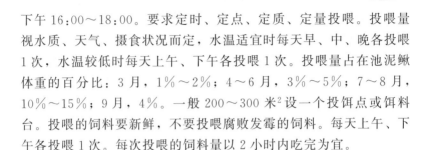

第三章

黄鳝、泥鳅的病害防治

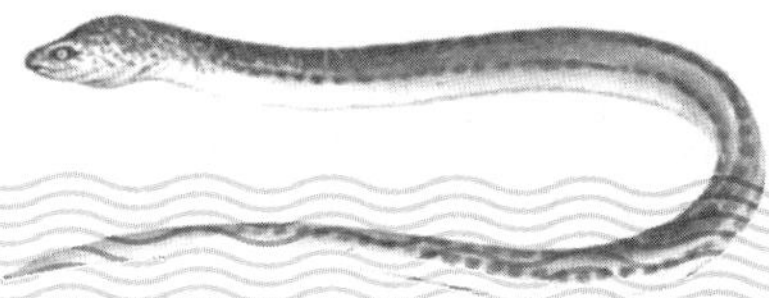

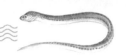

第一节

黄鳝养殖病害的防治

一、黄鳝养殖病害的预防

随着水产养殖业的发展，目前对于水产养殖动物病害防治及水产动物的无公害养殖已越来越引起人们的重视。病害防治的发展趋势是从以化学药物防治为主，向以生物制剂和免疫方法、提高养殖对象的免疫功能、选育抗病品种、采用生态防治病害等进行综合防治为主，使产品成为绿色产品。

进行黄鳝无公害养殖，首先应注意其抗病免疫能力或保护其自身固有的抗病免疫性能，影响黄鳝非特异性免疫力的身体防御功能因素主要有鳞片、皮肤等表面屏障以及黏液与吞噬细胞组成的第二道防线。鳞、皮肤及黏液是鱼体抵抗病原体及寄生生物感染侵袭的重要屏障。因此，保护鱼体不受损伤，避免敌害致伤，病菌就无法侵入，如赤皮病、打印病和水霉病就不会发生。养殖水体中化学物质浓度太高，会促使黄鳝分泌大量黏液，黏液过量分泌就起不到保护鱼体的作用，不能抵御病菌侵入。黄鳝在发病初期从群体上难以察觉，所以只有预先做好预防工作，才能避免重大的经济损失。病害预防必须贯穿整个养殖工作，下面主要讲述在苗种选择、生态防病和调控水质三方面的工作。

1. 苗种选择

苗种选择是整个养殖的关键步骤，在黄鳝的苗种选择方面须注意以下几点。

① 带伤有病黄鳝，体表有伤痕、血斑，鳃颈部红肿等，往往是由捕捉不当、暂养不当所致，一般应留用笼捕黄鳝进行养殖。

② 具不正常状态的鳝种不宜养殖。在黄鳝尾部发紫、黏液缺少或无黏液，这是水霉病感染的症状；鳝体有明显红色凹斑，大小如黄豆，这是感染腐皮病症状；黄鳝头大颈细，体质瘦弱，严重时呈卷曲状，这是患毛细线虫病症状，极易传染。

③ 长期高密度集养、运输、暂养后往往由于水少黏液多，温度升高而导致黄鳝患“发烧”病，这类黄鳝人工养殖过程中往往陆续死亡，很难治愈。

④ 药物中毒的黄鳝（例如被农药毒害），外表尚难辨识，但往往30小时左右（随温度高低而不同）后体色变灰、腹部朝上等，不宜养殖。

⑤ 在较深水中“打桩”的黄鳝往往比在水底安静卧伏的黄鳝体质差，较易死亡，不宜养殖。

2. 生态防病

鳝病预防应以生态预防为主。生态预防的主要措施如下。

① 保持良好的空间环境，养殖场建造合理，满足黄鳝喜暗、喜静、喜温暖的生态习性要求。

② 加强水质、水温管理，保持水质、底质良好，勿使换水温差过大，防止水温过高。

③ 在养殖场中种植挺水植物或凤眼莲、喜旱莲子草等漂浮性植物，在池边种植一些攀缘性植物。

④ 在黄鳝池中放养少量泥鳅以活跃水体，每池放入数只蟾蜍，以其分泌物预防鳝病。

⑤ 应用有益微生物制剂改良水质，维持微生物平衡，抑制有害微生物繁衍。

⑥ 病鳝要及时隔离处理。

另外，在无公害黄鳝养殖中，为了保持养殖环境和养殖对象体内外生态平衡，抑制或消除敌害生物侵袭、感染，除尽量使用有益微生物制剂进行生物防治，创造良好生态环境之外，正确合理地使用消毒、抗菌药物也是必要的，但必须注意使用这些药物的品种、使用剂量和使用时间。例如，绝不能使用已禁用的药物，不能超量使用，并注意无公害要求禁用期和休药期等。要是超量使用，不仅达不到防治病害的目的，而且会造成药害死亡，这种死亡有时在短期内大量发生，有时则在养殖过程中持续性发生，损失惨重。

3. 调控水质

养殖期间，保持水质“肥、活、嫩、爽”，经常施用光合细菌、芽孢杆菌等微生物制剂，可大大减少或消除水体中各种有害物质，在增加溶解氧的同时促使益生菌类形成优势群落，达到病害的预防效果。夏秋季节经常加注新水或换水，一方面可弥补池水因高温蒸发的损耗，另一方面可改善养殖水体的水质状况。换水时间和换水量根据实际情况而定，须灵活掌握。合理泼洒生石灰水和底质改良剂，调节池水 pH 值保持在中性或弱酸性，改善底质条件抑制病菌等病原体的繁殖。

二、黄鳝几种主要养殖病害的防治

1. 赤皮病

症状：病鳝行动无力，全天将头部伸出水面，久不入穴，体表局部或大部分出血发炎，且伴有红色斑块，腹部两侧皮肤糜烂，烂尾，肠道充血发炎，最后瘦弱而死亡，对黄鳝养殖危害最为严重，可造成大批量死亡（图 3-1）。

防治：①放种前用生石灰 2250～3000 千克/公顷、漂白粉 225～300 千克/公顷，彻底清塘消毒；②鳝苗放养时，用漂白粉 8～10毫克/升或 3%食盐水溶液浸洗 3～10 分钟；③用漂白粉 1～2 毫克/升或用强氯精 0.2～0.4 毫克/升全池遍洒。

2. 肠炎病

症状：病鳝体色乌黑变青，食欲减退，肠管充血发炎，肛门红肿，突出体外（图 3-2）。

防治：①每 50 千克黄鳝用大蒜瓣 250～500 克（捣烂）和食盐 250 克一起拌饵投喂，每天 1 次，连续 3～5 天；②每 50 千克黄鳝用杀菌灵 50 克拌饵投喂，3～4 天为 1 个疗程，效果较好。

图 3-1 黄鳝赤皮病

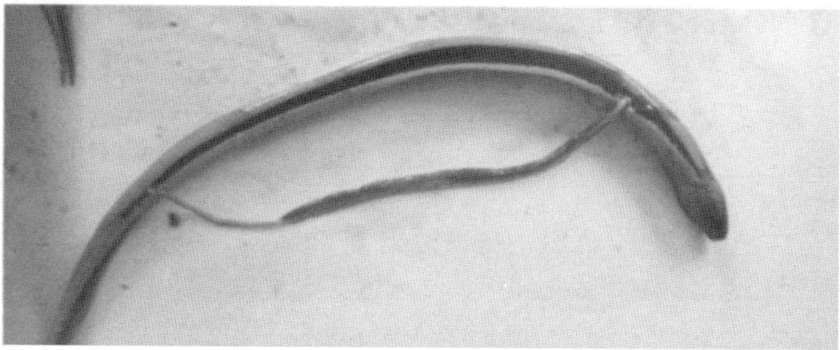

图 3-2 黄鳝肠炎病

3. 烂尾病

症状：尾柄充血发炎，直到肌肉坏死溃烂，病鳝反应迟钝，头伸出水面，严重时尾部烂掉，尾椎骨外露，丧失活动能力而死亡(图 3-3)。

防治：①运输过程中，防止机械损伤；②放养密度不宜过大；③改善水质与环境卫生条件；④每立方米水体用 0.2～0.3 毫升杀菌红全池泼洒。

4. 水霉病

症状：病原体为水霉和绵霉，在黄鳝受伤后，由水中自由游动

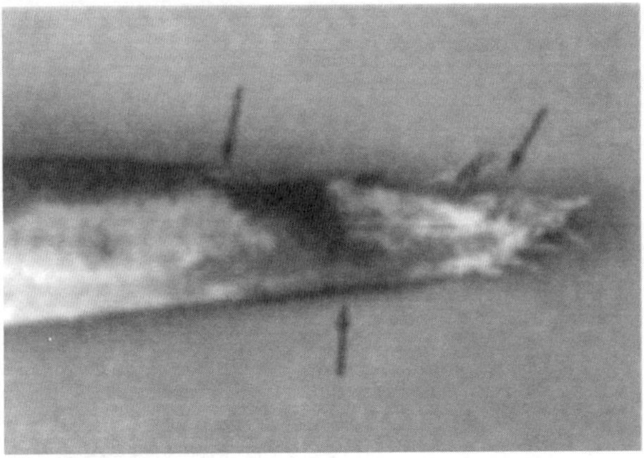

图 3-3　黄鳝烂尾病

的水霉孢子侵入伤口引起的疾病，病灶部位能见到棉花絮状成丛生长的水霉菌丝，呈灰白色，此病多发生在每年的早春和晚冬，病鳝食欲减退，独自缓游，逐渐瘦弱而死亡（图 3-4）。

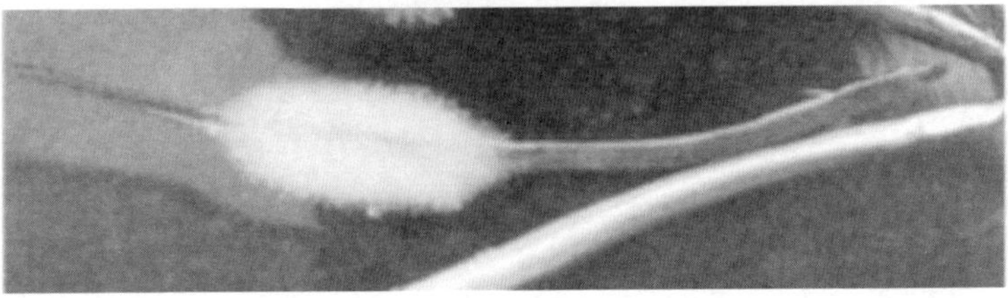

图 3-4　黄鳝水霉病

防治：①鳝种入池前，用 20 毫克/升的生石灰或 10 毫克/升的漂白粉彻底清塘消毒；②用 0.4‰的食盐与 0.4‰的小苏打合剂全池泼洒，同时每立方米水体用 0.2～0.3 毫升的杀菌红全池泼洒直至病愈；③用 0.1 毫克/升的亚甲基蓝溶液全池泼洒。

5. 棘头虫病

症状：病原体为棘头虫，寄生在黄鳝的前肠中，因其大量寄生而引起肠梗阻、肠穿孔、食欲减退、鳝体消瘦，表现为头大尾小、体质虚弱，严重时引起死亡（图 3-5）。

防治：①彻底清塘，暴晒，杀死虫卵；②用 90%晶体敌百虫

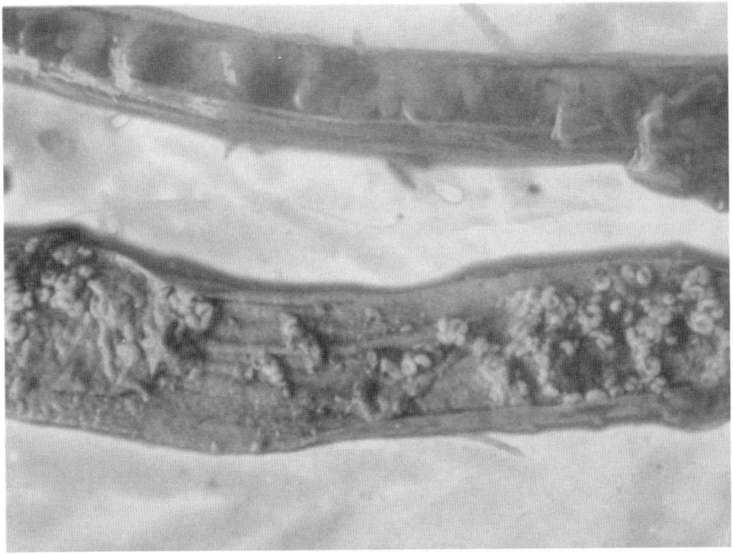

图 3-5 患棘头虫病黄鳝的肠道

0.8～1 毫克/升全池泼洒，杀死中间寄主；③每千克鳝鱼用 90%晶体敌百虫 0.1 克拌饵投喂，5 天为 1 个疗程，同时用晶体敌百虫 0.5～0.7 毫克/升全池遍洒 1 次。

第二节

泥鳅养殖病害的防治

一、泥鳅养殖病害的预防

近年来，泥鳅市场价格的逐年上升，带动了泥鳅养殖业的快速发展。目前泥鳅养殖大多实行高密度养殖，在养殖过程中易因水质环境恶化、投饵不当、其他饲养管理措施不到位等导致疾病暴发，一旦发病就会迅速在泥鳅个体间相互传染蔓延，在很短的时间内引起整个池塘泥鳅发病，而此时用药物治疗是很难控制的。因病害暴发导致泥鳅死亡，使养殖者蒙受了巨大的经济损失。因此，要减少因病害导致养殖效益下降，就应在泥鳅养殖过程中坚持“以防为主，防治结合，防重于治”的病害防治原则，尽可能做到泥鳅养殖过程中少发病或不发病。

1. 彻底清塘消毒

将池水排干，清除池塘杂草，暴晒数日，挖去过多的淤泥，池底淤泥厚度不超过 15 厘米。在泥鳅放养前 15～20 天，池塘注水7～10 厘米，用 100～150 千克/亩的生石灰溶于水后，趁热向池四周泼洒，不留死角，次日翻动底泥使之与石灰水混匀，以提高效果。暴晒 1 周后进水，再用 10～15 克/米^3 的漂白粉对水体消毒。

2. 合理放养，健康养殖

（1）放养密度和规格　养殖泥鳅，如放养密度低，则造成水资源浪费；放养密度过高，又容易导致泥鳅患病、生长速度慢。最好放养体长 6～8 厘米及以上的大规格鳅种，采取放养 2 万～4 万尾/亩、产量 500 千克/亩、年增重 5 倍以上的放养模式。池塘条件好的情况下，可适当增加放养量，否则要适当减少放养量。

（2）苗种质量　苗种质量是关键，没有好的苗种，其他方面做得再好也无济于事。野生苗种因捕捞等环节极易造成机体受损，因此最好选择人工繁殖的苗种。苗种要求体质健壮、无病无伤、体表光滑、富有黏液、规格整齐、活动能力强，注意剔除体表或口腔内有伤的鳅种，同池放养的鳅种规格尽量一致。

（3）减少受伤　拉网、运输、分塘过程中，应小心操作，尽可能减少鱼体受伤。

（4）苗种消毒　苗种放养前，用 20～30 克/升的食盐水浸浴 5～10 分钟，以杀灭体表病原体。浸浴时间长短，取决于水温高低，水温与浸浴时间成反比。

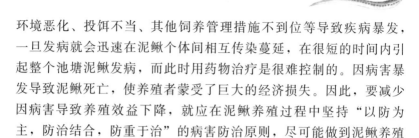

3. 调控水质

养殖期间，保持水质“肥、活、嫩、爽”，经常施用光合细菌、芽孢杆菌等微生物制剂，可大大减少或消除水体中各种有害物质，在增加溶解氧的同时促使益生菌类形成优势群落，达到病害的预防效果。夏秋季节经常加注新水或换水，一方面可弥补池水因高温蒸发的损耗，另一方面可改善养殖水体的水质状况。换水时间和换水量根据实际情况而定，须灵活掌握。合理泼洒生石灰水和底质改良剂，调节池水 pH 值保持在中性或弱酸性，改善底质条件，抑制病菌等病原体的繁殖。

4. 生态预防

苗种放养前清除池塘边杂草，设置防护网，以防蛙、鼠等敌害侵入。池中种植空心菜、水葫芦等水生植物，用于泥鳅遮阴、潜伏、栖息、防暑。另外，水生植物根部会栖息一些底栖生物，从而为泥鳅提供天然饵料，种植水生植物约占池面的 1/2。注水和换水需用密网过滤，防止野杂鱼等生物混入泥鳅池，与泥鳅争夺生态环境。

二、泥鳅几种主要养殖病害的防治

1. 赤皮病

症状：泥鳅患有赤皮病的症状是鳍和腹部等皮肤呈灰白色，肛门充血发红，继而肌肉溃烂，严重时在这些部位出现血斑，变成深红色，肠管糜烂，直至死亡（图 3-6）。

防治：①在捕捞、运输的过程中尽量避免泥鳅受伤；②在池塘内泼洒 1 毫克/升的漂白粉或 0.3 毫克/升的二氧化氯溶液，逐渐杀灭病菌，治疗患病泥鳅。

2. 打印病

症状：患病泥鳅身体上病灶浮肿，呈椭圆形或圆形，红色患部主要在尾柄两侧，似打上印章（图 3-7）。7～9 月为主要流行季节。

防治：①用 1 毫克/升漂白粉化水，全池泼洒，使池水浓度为 1×10^{-6}；②用 0.3 毫克/升的溴氯海因全池泼洒；③每立方米水

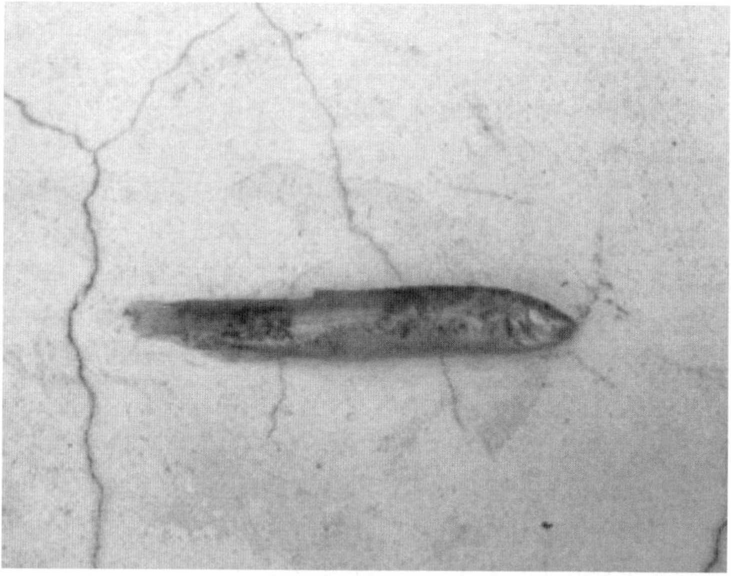

图 3-6　泥鳅赤皮病

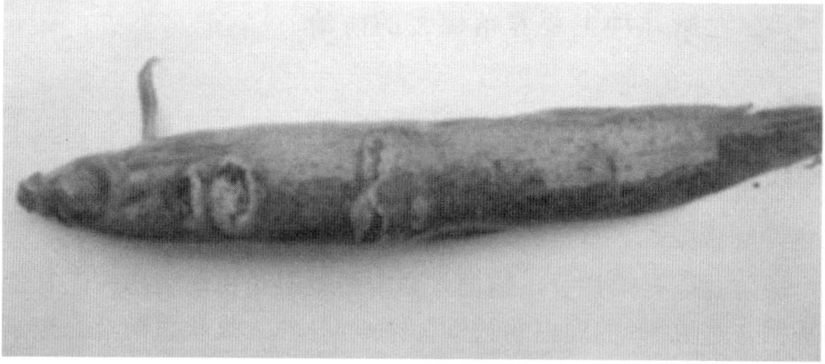

图 3-7　泥鳅打印病

体用 1 克漂白粉或 2～4 克的五倍子进行全池泼洒。或用漂白粉和苦参交替治疗法：第一天，每立方米水泼洒 1.5 克漂白粉；第二天，每立方米水用 5 克苦参熬成的溶液，全池泼洒，连续 3 次交替使用，用药 6 天。

3. 水霉病

症状：泥鳅体表附着白色或白色棉絮状物，鱼体消瘦、游动缓慢（图 3-8）。

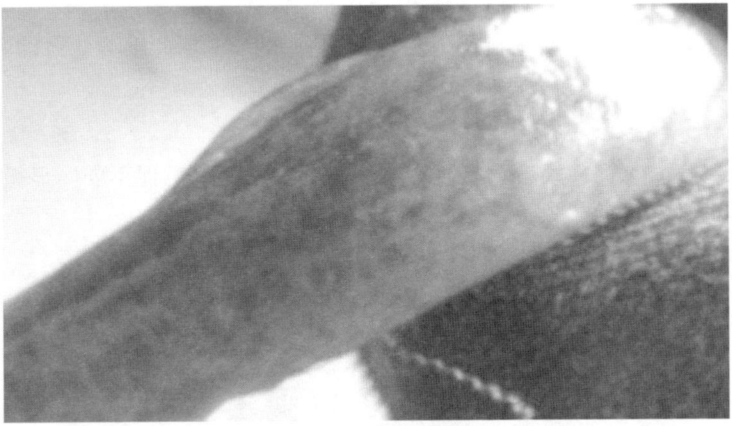

图 3-8 泥鳅水霉病

防治：①用 2%～5%的食盐水浸洗病鳅 5～10 分钟；②用浓度为 10 毫克/升的福尔马林溶液浸洗 15～30 分钟，即可治愈水霉病。

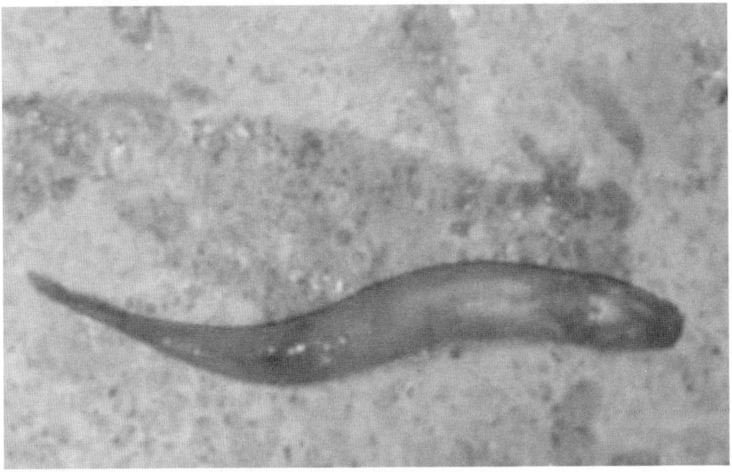

图 3-9 泥鳅肠炎病

4. 肠炎病

症状：病鱼行动缓慢，停止摄食，离群，腹部有红斑，肛门外突红肿，严重时轻压腹部即有血黄色黏液流出，解剖后可以发现腹内有大量的积液，肠道紫红色，肠内无食物（图 3-9）。

防治：①适当减料或停料，适当换水，维持水质清新；②5%维生素 C+0.3%大蒜素+5%三黄散拌料投喂 3～5 天。

5. 车轮虫病

症状：泥鳅离群，摄食减少、常浮在水面、急促不安。显微观察可见寄生的车轮虫（图 3-10）。

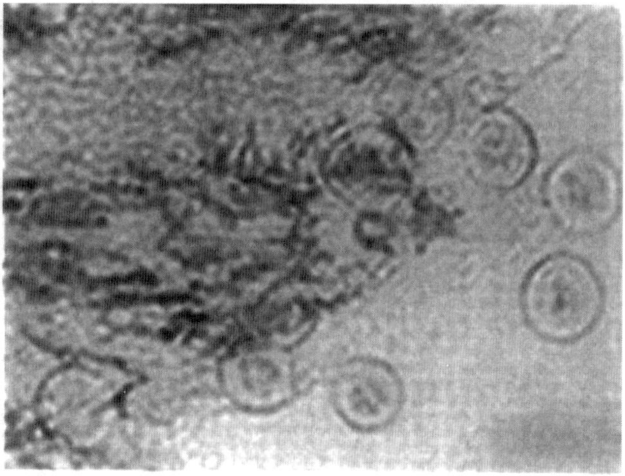

图 3-10 病鳅鳃部寄生的车轮虫

防治：①用生石灰彻底清塘后再放养泥鳅；②发病后每立方米水体用 0.5 克硫酸铜和 0.2 克硫酸亚铁合剂防治。

第四章

黄鳝、泥鳅的营养需求

第一节

黄鳝的营养需求

一、对蛋白质和氨基酸的需求

蛋白质是维持黄鳝正常生长、繁殖和生命活动所必需的营养物质和主要能源之一，在黄鳝营养上具有非常重要的功能和特殊地位，是其他营养元素所无法替代的，必须由饲料供给。黄鳝蛋白质营养需求研究是开发其优质配合饲料需要解决的首要问题。黄鳝对蛋白质的营养需求主要由蛋白质品质决定，同时也受到黄鳝生长阶段、生理状况、养殖密度、养殖模式、水温、池塘中天然食物的多少、日投饲量、饲料中非蛋白质能量的数量等因素的影响。

有关黄鳝蛋白质营养需求已开展了一系列研究，并取得了具有应用价值的成果。在饲料蛋白质含量适宜的条件下，黄鳝能够对蛋白质加以充分利用，但若饲料中蛋白质含量低于或超过适宜范围，都会影响其对饲料的蛋白质利用率，从而限制黄鳝的生长。当饲料中蛋白质含量不足时，首先是肠道黏膜及其消化腺体细胞更新受到影响，肝脏和胰脏不能维持正常结构和生理功能，引起消化功能障碍，降低饲料利用率。若长期不足，鱼类生长发育受阻，增重率下降，对环境的适应能力减弱，发病率和死亡率提高。当饲料中蛋白质含量过高时，不仅不经济，而且还会增加黄鳝的负担，造成蛋白质中毒，采食量降低，过量的蛋白质分解排泄耗能而降低生长速度；同时，过量的氨氮被排入周围水体，造成水质恶化，使水体富营养化，也不利于黄鳝的生长。

黄鳝在不同生长阶段对蛋白质需求量各异，但不同的研究者得出的结论存在差异。当饲料粗蛋白质为37.3%时，幼鳝的增重率最高，饵料系数最低，饲料蛋白质利用率最好，经济效益最佳；幼鳝对蛋白质的需要为40%，而且当动物性蛋白质含量为70%时，幼鳝的生长最快，日增重最高，对饲料的利用效率也最好；体重为(24.31±0.01)克的黄鳝饲料中蛋白质含量为35%～45%时，黄鳝生长速度快，饵料系数低，但黄鳝的终体重、相对增重率和相对增长率以饲料蛋白质含量为45%时最好，而蛋白质含量为55%时，反而抑制了黄鳝的生长，黄鳝的生长速度缓慢；体重约为25克的黄鳝饲料中蛋白质为37.18%～45%时，黄鳝的增重率和成活率高；体重为27.8克的黄鳝饲料中蛋白质含量为46.3%；体重为(32.5±14.3)克的黄鳝饲料中蛋白质含量为35.9%～40.7%；体重为37.83～39.75克的黄鳝饲料中蛋白质适宜含量为42%，实际配合饲料中蛋白质含量建议以40.5%～41.5%为佳，动物性蛋白质和植物性蛋白质原料比例不低于（55～60）:(40～45)；体重为50～70克的黄鳝饲料蛋白质适宜需求量为35.7%。随着黄鳝饲料中蛋白质水平的升高，雌鳝个体绝对繁殖力、产卵量、孵化率以及仔鳝增重和成活率显著升高，40%蛋白质水平能促进卵巢发育，促进卵子成熟。

传统养殖主要以鱼粉作为饲料蛋白源，但是世界鱼粉市场供需不平衡，鱼粉价格不断攀升，使养殖成本相应提高，大大制约了水产养殖业的发展。用植物性饲料组分替代鱼粉已经成为当前研究的热点，并成为日后配合饲料研发的趋势。植物性饲料主要有豆粕、菜籽粕、芝麻粕、花生粕、棉籽粕等。但是，黄鳝的生长速度随饲料中肉骨粉或豆粕添加量的增加而逐渐降低：肉骨粉替代鱼粉量在22.5%以内，豆粕替代鱼粉量在15%以内，且黄鳝配合饲料中鱼粉含量不应低于30%，黄鳝增重率和蛋白质利用率下降得比较缓慢，对黄鳝的生长影响不大，如果豆粕替代鱼粉的量超过15%，增重率和蛋白质利用率则迅速下降。

黄鳝对蛋白质利用率的高低取决于蛋白质中各种氨基酸的比例。黄鳝也需要异亮氨酸、亮氨酸、赖氨酸、蛋氨酸、苏氨酸、苯丙氨酸、精氨酸、组氨酸、色氨酸、缬氨酸10种必需氨基酸。目前有关黄鳝氨基酸营养需求研究较少，采用肌肉氨基酸组成和含量分析，可以为黄鳝配合饲料中氨基酸的组成和含量确定提供科学指导。分析黄鳝肌肉中氨基酸的组成结果表明，黄鳝肌肉中必需氨基酸的含量占氨基酸总量的40.98%，黄鳝肌肉氨基酸总量的平均值为85.29%，变异系数为1.07%，其中谷氨酸含量最高，在黄鳝肌肉中的平均含量为14.46%，占氨基酸总量的16.95%，肌氨酸含量最低为0.6%。通过反相高效液相色谱法测定黄鳝血清和体表黏液蛋白的氨基酸种类和含量，将两者的氨基酸组成变化进行比较，结果表明，两者都含有17种氨基酸，血清的氨基酸总量为每100毫升含397.11毫克，体表黏液蛋白的氨基酸总量为每100毫升含259.29毫克，血清与黏液蛋白中氨基酸含量差异最大的是蛋氨酸、半胱氨酸。氨基酸不仅是维持黄鳝正常生长、健康所必需的，而且具有良好的诱食性。黄鳝饲料中的精氨酸、丙氨酸添加量从0.5%增加到10.0%，其对黄鳝摄食的影响从微弱抑制作用转为促进摄食，且促进作用随着添加量的增加而增强，这表明此类氨基酸的添加量对黄鳝的诱食作用效果起决定作用，然而同一添加量的不同氨基酸对黄鳝的促进摄食作用不同，如饵料中添加1.0%的苯丙氨酸，对黄鳝有强烈的促进摄食作用，而相同添加量的精氨酸和丙氨酸则表现一定的抑制作用。用不同种类的氨基酸组合、氨基酸和香味物质组合进行引诱黄鳝摄食试验，在添加量均为1.0%时，甘氨酸+丙氨酸、丙氨酸+精氨酸表现显著的促进摄食作用，而单独使用效果不明显。

二、对脂肪的需求

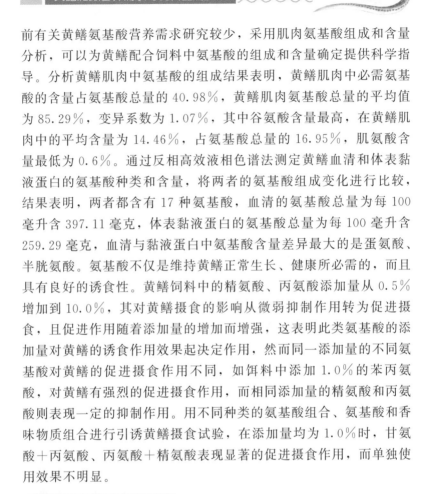

脂肪是鱼类生长所必需的营养物质，鱼类对脂肪利用率较高，加之鱼类对碳水化合物利用率较低，因此，脂肪就成为鱼类的重要能量来源。饲料中的脂肪含量适宜，黄鳝就能充分利用；饲料中脂肪含量不足或缺乏，黄鳝摄取的饲料中的蛋白质就会有一部分作为能量被消耗掉，饲料蛋白质利用率下降；同时还可发生脂溶性维生素和必需脂肪酸缺乏症，从而影响生长，造成蛋白质浪费和饵料系

数升高。然而饲料中脂肪含量过高时，虽短时间内可以促进黄鳝的生长，降低饲料系数，但长期摄食高脂肪饲料会使黄鳝产生代谢系统紊乱，增加体内脂肪含量，导致鱼体脂肪沉积过多，内脏尤其是肝脏脂肪过度聚集，产生脂肪肝，进而影响蛋白质的消化吸收并导致机体抗病力下降。此外，饲料脂肪含量过高也不利于饲料的储藏和成型加工，因此，只有使用脂肪和蛋白质含量均适宜的饲料才能达到黄鳝养殖的最佳效果。

研究表明，影响黄鳝饲料中脂肪营养需求的主要因素有鱼体大小、黄鳝的生理状态、脂肪源、饲料组成（特别是蛋白质：脂肪：碳水化合物比值）、水温和水体中饵料生物的种类与含量、摄食时间等。体重（26.96±10.27）克的黄鳝饲料中的蛋白质为35%时，其饲料中适宜脂肪含量为10%；体重为50～70克的黄鳝饲料蛋白质含量为35.7%时，其脂肪适宜需求量为3%～5%。脂肪内的不饱和脂肪酸（UFA）是鱼类生长所必需的营养物质，对机体具有重要的生理调控功能，对免疫系统也有一定的调节作用。不同脂肪酸对黄鳝的生长影响不同。在不含脂肪酸的黄鳝基础饲料中，分别添加亚油酸、亚麻酸、二十碳五烯酸（EPA）和二十二碳六烯酸（DHA）的饲养试验结果表明，亚麻酸是黄鳝增重率和增长率的第一限制因子，其次是亚油酸和EPA+DHA；亚油酸是影响黄鳝肥满度的主要因子；EPA+DHA对黄鳝肝体指数产生一定的影响；饲料中添加这4种脂肪酸对黄鳝成活率影响不显著，但显著提高黄鳝机体的非特异性免疫力，并由此得到黄鳝饲料中不饱和脂肪酸亚油酸、亚麻酸和EPA+DHA的最佳含量分别为1.30%、1.55%和0.25%。

饲料中卵磷脂含量对黄鳝生长速度、饲料系数、肌肉及肝脏脂肪含量均有影响。随着饲料中卵磷脂含量的添加，黄鳝生长加快、饲料系数降低。卵磷脂最适添加量为5%时，黄鳝生长率较高，饲料系数较低，肝脏脂肪含量较少。黄鳝的最适脂肪是鱼油，其次为大豆油和玉米油。鱼油等脂肪相对蛋白质而言价格较低廉，在不影响黄鳝生长的情况下，可以适当提高脂肪含量来降低成本。

三、对碳水化合物的需求

碳水化合物也称糖类，是生物界三大基础物质之一，也是自然界含量最丰富、分布极广的有机物。它是一类重要的营养素，在鱼类机体中具有重要的生理功能，是鱼类的脑、鳃组织和红细胞等必需的代谢供能底物之一，与鱼体维持正常的生理功能和存活能力密切相关。鱼类主要以蛋白质和脂肪作为能量来源，对糖类的利用能力较低，饲料中糖类水平超过一定限度会引发鱼类抗病力低、生长缓慢、死亡率高等现象。鱼类配合饲料中添加一定量的碳水化合物，充分发挥其供能功能，降低蛋白质作为能量消耗，增加脂肪的积累，不但可以缓解目前水产配合饲料行业对鱼粉的过分依赖，减轻氮排泄对养殖水体的污染，还可以降低饲料成本，且有助于配合饲料的制粒。鱼类对不同来源和种类的碳水化合物利用率各异。鱼类对单糖、双糖的消化率较高，淀粉次之，纤维素最差，有不少鱼类不能利用纤维素。饲料中碳水化合物含量过高，对鱼类的生长和健康不利。

有关黄鳝饲料适宜碳水化合物营养需求的研究较少。体重为50～70克的黄鳝饲料蛋白质含量为35.7%，最适能量蛋白比（千焦/克）为31.6～38.9时，其饲料中碳水化合物适宜需求量为24%～33%。碳水化合物不仅对维持黄鳝正常的生长具有显著的意义，某些种类的碳水化合物对提高黄鳝机体免疫力也具有十分重要的意义。研究表明，在体重为（53.7±3.25）克的黄鳝饲料中添加不同剂量的免疫多糖（酵母细胞壁），连续投喂经注射接种嗜水气单胞菌脂多糖（LPS）的黄鳝28天后的结果表明，用添加100毫克/千克免疫多糖的饲料投喂受免黄鳝，不仅可以提高受免黄鳝对嗜水气单胞菌脂多糖的免疫应答水平，也可以增强黄鳝的非特异性免疫力和抵抗嗜水气单胞菌脂多糖人工感染的能力，且在饲料中添加免疫多糖对黄鳝的生长速度和肝脏功能均未产生不良影响。

四、对无机盐类的需求

无机盐是构成黄鳝器官、组织的重要物质，同时也是维持黄鳝机体渗透压、酸碱平衡等正常生理活动不可缺少的营养物质。黄鳝每天都有一定量的无机盐从体内排出，而黄鳝生活在水体中可以直接摄取的无机盐是有限的，因而必须通过食物途径进行补充。钙和磷在黄鳝代谢过程中，特别是骨骼形成和维持酸碱平衡中起重要作用，此外钙还参与肌肉的收缩、血液的凝固、神经传递、渗透压调节和多种酶的反应过程。磷在糖和脂肪的代谢中起重要作用，还参与能量转化、维持细胞的通透性以及生殖活动的调控。镁除了参与黄鳝的骨盐形成外，还是很多酶（如磷酸转移酶、脱羧酶和羧基转移酶等）的激活剂。缺乏镁元素的黄鳝食欲减退、生长缓慢、活动呆滞，并会导致死亡率增高。铜是黄鳝红细胞生成和保持活力所必需的，是细胞色素氧化酶和皮肤色素的成分。锰是磷酸转移酶和脱羧酶的激活剂，也是维持正常生殖所必需的。锰缺乏时会引起生长缓慢、体质下降、生殖能力降低。铁是血红蛋白和肌红蛋白的组分，参与氧和二氧化碳的运输，在呼吸和生物氧化过程中起重要作用。锌参与核酸的合成，也是很多酶的组成部分。饲料中锌的含量对黄鳝的食欲、生长率和死亡率都有影响，而且还影响组织中锌、铁和铜的含量。除上述矿物质元素外，还有碘、硒、硼、钼等元素是黄鳝所必需的。

五、对维生素的需求

维生素是鱼类机体营养素代谢重要的调节和控制因子，是一类含量微小作用却极大的微量营养素，对维持黄鳝的正常生长、健康和繁殖是必需的。然而黄鳝体内几乎不能合成任何维生素，都必须从食物中摄取。黄鳝所需的维生素主要是维生素 A、维生素 D、维生素 E 和维生素 K 等脂溶性维生素及 B 族维生素、维生素 C 等水溶性维生素。研究表明，黄鳝对饲料中维生素的需要量受个体大小、生长阶段、生理状态、水质状况、饵料生物和养殖模式等因素的影响，维生素缺乏时，除导致鱼厌食、新陈代谢受阻、鱼体增重减慢、鱼的抗病力下降外，还会出现一系列缺乏症。

有关黄鳝维生素营养需求及其营养生理研究较少。在水温23～25℃条件下，采用维生素C磷酸酯为维生素C源，在不含维生素C的基础饲料中外源添加维生素C的量从0～800.0毫克/千克的配合饲料饲喂体重16.8～24.3克的黄鳝14天，结果表明，添加量在400.0～800.0毫克/千克时，黄鳝能获得最好的非特异性免疫。探讨了在（22.0±3.0)℃水温下，在不含维生素C的基础饲料中分别添加含量为0毫克/千克、50.0毫克/千克、100.0毫克/千克、200.0毫克/千克、400.0毫克/千克、600.0毫克/千克、800.0毫克/千克的维生素C磷酸酯配制成7种饲料，分别饲喂均重为21.3克的黄鳝60天，结果表明，黄鳝饲料中的维生素C添加量为50.0毫克/千克时，其4周时和8周时黄鳝的存活率与未添加维生素C组间差异显著，但与其他添加组间差异不显著；饲料系数和蛋白质效率各组间差异均不显著，但黄鳝肝胰脏中维生素C的含量随着饲料中维生素C添加量的增加而增加；从维生素C对非特异性免疫因子的影响看，饲料中维生素C最佳添加量在150.0～200.0毫克/千克。饲料中缺乏胆碱引起鱼类脂肪代谢障碍和诱发脂肪肝病变的生化机理已被证实，胆碱缺乏使合成脂蛋白的重要物质磷脂酰胆碱合成量不足，进而引起肝脏蛋白合成减少，影响脂肪向血液中转运，导致肝脏中脂肪积累。研究均重为（40.8±5.5)克的黄鳝配合饲料中分别添加0、0.1%、0.3%、0.5%、0.8%、1.0%、1.2%、1.5%和2.0%的胆碱对黄鳝生长、饲料利用效率、肌肉和肝脏脂肪含量、肝体指数及消化器官4种消化酶（蛋白酶、胰蛋白酶、淀粉酶和脂肪酶）活性影响的结果表明，黄鳝饲料中胆碱缺乏或含量较低，黄鳝肝脏脂肪含量均较高，呈现典型的脂肪肝症状。当添加适宜的胆碱，则可有效降低肝脏的脂肪含量，且当添加量达到1.0%以上时，黄鳝个体肝脏脂肪含量呈现正常的状态；当胆碱量缺乏或饲料中不足时，其生长、肌肉中脂肪含量、肝脏脂肪含量都受到影响。胆碱含量低于0.8%会显著影响黄鳝的生长和对饲料的利用效率，胆碱含量低于1.0%则其肝脏脂肪含量会明显升高。饲料中胆碱添加量在0～2.0%内，随着胆碱添加量的提高，黄鳝的生长速度加快，饲料系数逐渐降低，肌肉、肝脏的脂肪含量及肝体指数降低，前肠、后肠和肝脏的蛋白酶、胰蛋白酶、淀粉酶和脂肪酶的活性均会相应地提高，而且饲料中的添加量为0.8%～1.0%时，这些变化显著，表明胆碱对黄鳝是不可缺少的，黄鳝饲料中胆碱的适宜添加量为0.8%～1.0%，而同样的试验采用不同的评价指标得出，黄鳝饲料中适宜的胆碱含量为0.8%～1.2%。维生素对黄鳝的生殖性能影响显著。维生素E、维生素C和高不饱和脂肪酸都是黄鳝保持良好的生殖性能的必需营养成分，二氢吡啶不仅可以促进性腺发育，而且能改善鳝卵的质量和提高鳝卵孵化率。雌鳝饲料中添加维生素E，能有效地改善雌鳝的繁殖性能，其最适添加量为200毫克/千克。饲料中维生素E、维生素A、维生素C能促进黄鳝性腺发育，提高其抗氧化应激能力。随着饲料中维生素C含量的增加，黄鳝血清中IgM含量显著升高，而维生素D_3、维生素A含量增加则能显著促进骨钙含量的增加，而对骨磷含量影响不显著。

六、幼鳝对饲料营养的需求

幼鳝阶段具有以下特征：①生长快速，代谢旺盛；②消化系统发育尚未完全；③消化酶活性低下。因此，其对饲料营养的需求也较成鳝有所不同。

1. 营养需求

(1) 蛋白质和氨基酸　蛋白质是幼鳝生长发育最主要的营养素，早期幼鳝阶段的快速生长需要肌肉中蛋白质的沉积。此外，早期幼鳝主要利用游离氨基酸作为能量的主要来源，所以其对蛋白质的需求量要比成鱼高。幼鳝与成鳝一样，需要10种必需氨基酸，即异亮氨酸、亮氨酸、赖氨酸、蛋氨酸、苏氨酸、苯丙氨酸、精氨酸、组氨酸、色氨酸、缬氨酸。

(2) 脂类　脂类不仅是幼鳝发育阶段的能量和必需脂肪酸的来

源，而且是脂溶性维生素的载体并参与某些维生素和激素的代谢活动，其中磷脂还是构成细胞膜不可缺少的结构物质。此外，磷脂作为幼鳝微粒子配合饲料的组成成分，不仅是幼鳝必需的营养成分，同时又具备良好的黏合性，能有效地抑制微粒子配合饲料中水溶性营养成分的溶出，从而提高饲料的营养价值。由于幼鳝生长发育迅速，新陈代谢旺盛，因此，对脂质的需求量比成鳝要高。

(3) 碳水化合物和无机盐　有关幼鳝对碳水化合物和无机盐的需求研究资料欠缺，一般而言，幼鳝对分子量较大的碳水化合物如α-淀粉、糊精的消化吸收率比分子量较小的麦芽糖、葡萄糖要高，肉食性鱼类相对草食性和杂食性鱼类而言，对碳水化合物的利用能力较差，而黄鳝为杂食性鱼类。

(4) 维生素　幼鳝阶段快速生长，代谢率高，对维生素的需求量高，尤其是对维生素C的需求量较高，当幼鳝饲料中提供适量稳定有生物活性的维生素C时，就可以维持其正常生长和存活，并可增强其抗胁迫和抗疾病感染能力。而且，维生素C与维生素E之间具有交互作用，提高饲料中维生素C的含量，可以起到节约维生素E的效果，减缓维生素E缺乏症的出现。

黄鳝的营养需求如表4-1所示。

表4-1　黄鳝的营养需求

(引自熊家军等《黄鳝健康养殖新技术》，2008)

成分	幼鳝	成鳝
代谢能/(千焦/千克)	1425	11715
蛋白质/%	48	43
钙/%	0.36	0.35
磷/%	0.99	0.90
食盐/%	1.1	1.5
蛋氨酸+胱氨酸/%	2	2
赖氨酸/%	2.2	1.8
苏氨酸/%	1.6	1.4

续表

成分	幼鳝	成鳝
精氨酸/%	1.5	1
异亮氨酸/%	1.5	1.3
亮氨酸/%	1.8	1.4
组氨酸/%	0.95	0.75
苯丙氨酸/%	2	1.7
色氨酸/%	0.5	0.3
缬氨酸/%	1.8	1.2
铁/毫克	180	140
铜/毫克	3.9	3.4
镁/毫克	50	45
锰/毫克	28	16
锌/毫克	70	60
钴/毫克	0.89	0.60
硒/毫克	0.78	0.50
碘/毫克	0.80	0.70
维生素 A_1/国际单位	4500	4500
维生素 D_3/国际单位	1000	1000
维生素 E/国际单位	40	40
维生素 K/毫克	10	10
维生素 C/毫克	25	20
维生素 B_1/毫克	28	20
维生素 B_2/毫克	80	80
维生素 B_6/毫克	40	35
泛酸/毫克	80	50
烟酸/毫克	120	100
生物素/毫克	0.2	0.2
叶酸/毫克	4	4
胆碱/毫克	500	500
肌醇/毫克	80	60
维生素 B_{12}/毫克	0.01	0.01

2. 饲料配方及特征

幼鳝以捕食浮游动物为主。如果浮游动物不足，可投喂一些煮熟的蛋黄浆。随着黄鳝日龄增加，投喂各种昆虫及其幼虫、蚯蚓、小鱼虾、蚕蛹、蝇蛆、螺蛳、蚌、蚬、大型浮游动物、畜禽内脏及蝌蚪等鲜活饵料。螺蛳、河蚌及蚬等硬壳饵料，投放前需砸碎其外壳。动物性饵料不足时，投喂部分植物性饵料（如豆饼、麸皮或玉米粉等）。可将上述植物性饵料与绞碎的鱼虾肉糜混合，制成湿团后投喂或投喂配合饲料。幼鳝10天以后就可以增加配合饲料投喂量，3个月后可投喂含粗蛋白质由45%降至40%的配合饲料。

投喂配合饲料的目的就是为了满足黄鳝的营养需求，因此，必须根据黄鳝的食性和营养需求选择饲料，并根据原料的价格高低、资源余缺，及时调整饲料配方。

七、成鳝对饲料营养的需求

黄鳝的食性为肉食性，其营养水平的设置和饲料配方的编制依据肉食性鱼类进行。但在体色方面具有特殊要求，鱼体体表需要沉积较多的叶黄素、类胡萝卜素等黄色色素。

由于黄鳝自身不能合成叶黄素、类胡萝卜素等色素，就只能通过饲料进行供给。饲料中含有叶黄素、类胡萝卜素的原料主要有玉米、棉籽粕等原料，由于其色素数量不足，还得使用色素添加剂。饲料原料中的色素、添加的色素需要经历在消化道内消化、吸收，在鳝体体内运输及其在鳝体的沉积等复杂过程。由于这类色素是脂溶性色素，所以饲料中油脂、磷脂的含量就是一个主要的影响因素。胆固醇、脂蛋白等也是影响色素在体内运输、沉积的主要因素。玉米蛋白粉是叶黄素、类胡萝卜素含量较高的饲料原料，可以在这类饲料中使用。由于玉米蛋白粉的质量稳定性在不同生产厂家、不同生产方式下变异较大，所以在饲料中的使用量不宜过大，依据实际使用效果和试验研究结果表明，在饲料中保持6%的玉米蛋白粉（蛋白质含量60%）即可。对于黄鳝等黄色体色鱼类，饲料中保持 30～40 毫克/千克的叶黄素含量就可以保持正常体色，如果添加 3 千克/吨的叶黄素（含 2%来自于万寿菊提取的叶黄素），饲料中就有 60 毫克/千克的叶黄素含量，加上玉米蛋白粉中的叶黄素可以达到 80 毫克/千克以上。在膨化饲料生产中，色素会有较大的损失，如果损失率达到 50%左右，也可有 40 毫克/千克的叶黄素含量，可以保持鳝体的黄色体色。

在饲料原料模块中，动物性蛋白质原料模块使用了鱼粉、肉粉和血细胞蛋白粉。考虑到养殖鱼类肉品风味和油脂氧化问题，肉粉的使用量相对较低。因为肉食性鱼类肌肉脂肪含量较高，肉粉中脂肪沉积对肉品风味的影响程度相对增加。为了使膨化饲料添加油脂的量在 3.3%以下，所以必须使用部分高含油量的饲料原料，因为饲料蛋白质较高的原因，这类饲料可以选择大豆或膨化大豆作为主要的高含油量油脂原料。如果直接使用大豆，可以将大豆的用量控制在 10%以下。因为这类饲料主要为膨化饲料，在饲料中直接使用大豆是完全可行的，大豆经过粉碎、混合后，再经过 90℃左右的调质、130℃左右的挤压膨化，大豆中的抗营养因子被破坏而失去作用。直接使用大豆可以在原料质量控制、饲料配方成本控制等方面具有优势，同时，油脂的新鲜度也大大提高。这类饲料配方编制中，更重要的是如何预防饲料油脂的氧化酸败问题，在饲料原料、油脂原料选择时就要采取主动预防的方法，以选择豆油作为主要的油脂原料，而米糠的新鲜度、鱼粉和肉粉的新鲜度等也是要考虑的。玉米 DDGS 由于玉米油氧化的风险较大，在这类鱼饲料中就不要使用。在饲料添加剂选择方面，由于油脂水平较高，而养殖的黄鳝对氧化油脂的敏感性较强，所以在饲料中建议使用鱼虾 4 号、肉碱、胆汁酸等产品，促进饲料脂肪作为能量物质的利用效率，同时保护肝胰脏、预防脂肪肝的形成。

成鳝饲料目前多为挤压膨化饲料，所以饲料中需要有 20%以上比例的小麦或面粉。如果生产硬颗粒饲料，则可以将小麦用量减少到 16%左右，其余部分使用次粉或脱脂米糠使配方达到 100%。

八、亲鳝对饲料营养的需求

黄鳝要进行正常繁殖，亲体必须能够正常地产生和排出生殖产物（精子、卵子），精细胞、卵细胞均具有良好的受精能力，受精卵具有较高的孵化率，并且幼体能够正常地生长发育。因此，亲鳝除了保证其基本生命活动所需营养物质外，还必须供给充足的额外营养素，保证其完成正常繁殖需要。每年的5～8月份为雌鳝产卵期，除投喂配合饲料，还要增喂鲜活动物饲料（如蚯蚓、黄粉虫、蝇蛆等），以提高卵产量。

第二节

泥鳅的营养需求

泥鳅又名鳅，在鱼类分类学上属鲤形目、鲤亚目、鳅科。是一种食性广的杂食性淡水鱼类，其适应性强、抗病性好，广泛分布于我国除青藏高原外的各地河川、沟渠、池塘、湖泊、水田等天然水域。目前，国内外在鱼类营养需求方面的研究取得了很大的进展，尤其是对鲤鱼、虹鳟、罗非鱼、斑点叉尾鮰、草鱼等的营养研究相当系统细致，这为水产饲料产业的发展奠定了坚实的基础。而泥鳅作为近二十年来养殖的新宠，一直采用的套养模式，并且对于泥鳅的人工繁殖方面一直没有取得突破性进展，养殖过程中又伴随着各种疾病，关于集约化专养泥鳅方面的研究还处于起步阶段，对于泥鳅营养需求方面的研究并不深入。

为维持生命活动和繁衍后代的需要，泥鳅所必需的营养物质有蛋白质、脂肪、碳水化合物、维生素和矿物质等五大类。因为泥鳅是生活在水中的变温动物，与陆地上饲养的家禽、家畜相比而言，在营养需求量上存在很大的差异。

一、泥鳅对能量的需求

泥鳅等鱼类为维持生命和代谢活动，每天必须从外界摄取能量以满足机体需要。泥鳅为水生变温动物，在维持体温、运动和代谢的能量消耗上要比畜禽少得多。据测定，每生产1千克猪肉需要有效能13915千焦，牛肉22103千焦，鸡蛋14144.3千焦，而鱼肉只要3716千焦。因此，生产泥鳅所需要投入的能量消耗比畜禽要低。

泥鳅的能量转化、分配、积累过程中，获得的净能首先必须满足维持能量的需要，然后才能用于生长积累。维持净能的需要量比较恒定，但必不可少。如果饲料配方合理、品质高，易于消化，则可提高消化能、代谢能，减少粪能、尿能、鳃能热增耗。摄入饲料的最终目的是提高净能（图4-1）。

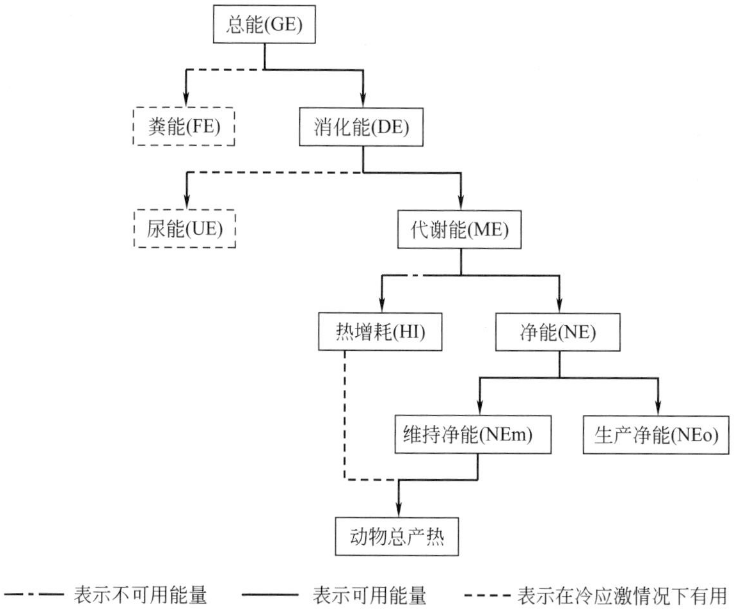

图4-1 鱼类饲料能量代谢图

（仿李爱杰，1996）

饲料中主要的能源物质为糖类、脂类和蛋白质。糖类、脂类和蛋白质在鱼类体内通过生物氧化过程，与腮部吸入的氧化合而释放出能量。因此，把饲料中蛋白质、脂肪、糖类等能提供能量的物质称为能量物质。把维生素、无机盐等不能提供能量的物质称为非能量物质。当能量不足时，饲料中的蛋白质和其他营养物质便不能充分用于生长；如果饲料中能量过多，鱼类便会减少日摄食量，并可能引起脂肪的堆积。泥鳅代谢所需要的能量首先来自蛋白质，而对碳水化合物利用率比畜禽要低。养殖泥鳅比饲养畜禽需要的蛋白质高出 20%，而需要的碳水化合物低 50%～80%。由于泥鳅消化道短，食物在消化道停留时间短，基本上不能消化纤维素，对粗饲料消化率也不如畜禽，但能很好地利用脂肪作为能量的来源。

能量与蛋白质比反映了饲料能量与营养的数量关系。通常用饲料的总能量除以粗蛋白质含量来表示。也有用消化能（千卡/100克）与蛋白质含量（%）之比来表示。适当减少饲料中蛋白质含量，提高脂肪和碳水化合物的比例，使能量蛋白质比接近适宜范围的下限，可显著降低饲料成本，提高饲料经济效益。畜禽饲料能量蛋白比较高，而鱼类饲料能量蛋白比要求较低，并且越是对蛋白质要求高的肉食性鱼类或幼鱼饲料，能量蛋白比越低。另外，能量收支的各项比例，受鱼的种类、发育阶段、饲料营养价值、水温和溶解氧等的影响很大。

饲料中动物、植物蛋白比对鱼类的生长也会产生较大的影响。一定比例的动物、植物蛋白搭配能使饲料营养成分更适合鱼类生长的营养需求，使饲料氨基酸组成更趋于合理。在研究虹鳟饲料时发现，可以用豆饼替代 21%的鱼粉。另外，饲料中适宜的能量蛋白比对提高饲料质量也起到重要的作用，适宜的能量蛋白比使饲料蛋白质主要用于鱼体氮的沉积，促进生长，而由脂肪和碳水化合物提供能量，达到节约蛋白质的目的。研究结果显示，只要蛋白质含量发生变化，饲料动物、植物蛋白比、能量蛋白比都会发生变化，当饲料能量蛋白比为 41.36 千焦/克时，泥鳅生长较好，但有关泥鳅配合饲料中适宜的动物、植物蛋白比或能量蛋白比尚需进一步的试验研究。

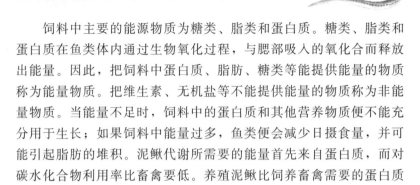

黄雪等（2011）用出生日期一致、体重接近、健康无病、尾均重为5.40克的泥鳅900尾作为试验动物，建立了11个反映泥鳅生长指标、饲料转化效率和消化道主要消化酶活性分别与饲料蛋白质水平、能量水平和能量蛋白比水平关系的回归方程，并分别以各指标评价标准探讨了泥鳅饲料适宜蛋白质、能量和能量蛋白比水平，得出饲料蛋白质水平36.31%～36.47%、能量蛋白比为32.21～33.07千焦/克时，泥鳅特定生长率最大，饲料系数最低；蛋白质30.3%、能量蛋白比50.92千焦/克时，蛋白质效率最大；蛋白质水平为33.69%～34.80%时，泥鳅肠道脂肪酶活性最高；能量水平为13.5兆焦/千克时，肝胰脏淀粉酶活性最高。综合分析发现，泥鳅饲料能量水平以13.5～14.4兆焦/千克为宜。

二、泥鳅对蛋白质和氨基酸的需求

蛋白质作为生命的物质基础，是所有生物体的重要组成部分，是决定机体生长的关键营养物质之一，是泥鳅等水生动物生长及维持生命的必需营养物质，不仅构成泥鳅体格，而且是泥鳅体内的酶和激素的组成部分，在泥鳅生命过程中起着十分重要的作用。蛋白质在鱼类的生理功能主要表现在以下几个方面：首先，鱼体通过摄取的蛋白质以完成机体组织的更新、修复及维持；其次，鱼体通过摄取外界的蛋白质以满足生长过程中蛋白质增加的需求；再次，当机体其他能量物质短缺时，蛋白质可作为能量物质提供部分能量；最后，蛋白质是机体中的某些激素和酶类的重要组成成分。

泥鳅的所有细胞和组织均由蛋白质构成。蛋白质约占细胞干物质的90%以上，占活体湿重的22%～24%。当泥鳅从外界摄取的蛋白质的量接近其机体所需的蛋白质的量时，泥鳅可获得最佳生长效果；当泥鳅摄取的蛋白质含量不足时，会表现出生长迟缓、停滞甚至死亡等现象；而当泥鳅摄取的蛋白质含量过高时，则会加重机体负担，并可能造成水质污染。当蛋白质类物质被泥鳅摄食后，蛋白质在其消化道内经过消化酶的作用分解成氨基酸后才能被机体吸收利用。被吸收的氨基酸再在泥鳅体内合成机体所需的蛋白质。长期以来，蛋白质营养一直是鱼类营养学中最受重视的研究方向之一。

1. 泥鳅对蛋白质的需求

研究泥鳅对蛋白质的需求，需要从三个方面考虑：首先，维持体内蛋白质的最低需要量；其次，泥鳅以最快的速度生长时对蛋白质的最大需要量；最后，实际生产中所用饲料的最适宜的蛋白质含量。

（1）对蛋白质的最低需要量　蛋白质最低需要量是维持泥鳅体重相对恒定时对饲料蛋白质的最低需要量。鱼类吸收的蛋白质一个作用就是用于已经被分解组织蛋白质的修复。这部分蛋白质经修复后，剩余的氨基酸经脱氨基作用成为游离氮化合物从粪尿中排出，这部分的含氮废物，在不饲喂任何蛋白质饲料时也要排出，是维持泥鳅生命的最低蛋白质需要量。

（2）对蛋白质的最大需要量　鱼类蛋白质最大的需要量是以其最大速度生长时所必需的蛋白质的量。一般是以生长速度最快的幼鳅来测定。一般测定蛋白质的最大需要量的方法有两种：一种方法是用营养价值高的蛋白质饲料，使得氮的平衡达到最大值；另一种方法是用营养价值高的蛋白质饲料，在一定时期内达到鱼体氮的最大增加量，进而求出蛋白质的最大需要量。

（3）饲料中最适的蛋白质含量　鱼类对饲料蛋白质的需要量的结果，是在特定的条件下用营养价值很高的酪蛋白等试验得到的，实际养殖条件下只能以此为根据，按不同养殖对象、养殖条件、饲料中蛋白质原料的营养价值以及加工过程具体情况，才能得到最适宜的蛋白质含量。在蛋白质含量达到最适宜含量之前，鱼体中蛋白质积累是随蛋白质含量提高而呈线性增长的，达到最适含量时，鱼体增重达到最大值，当蛋白质含量超过最适含量时，鱼体增重反而逐渐减慢，过量时由于代谢产物氨的积累及能量蛋白比失调而停止生长，甚至会中毒死亡。

目前，对鱼类蛋白质需求量的研究主要是采用各种纯化或半纯化饲料，调配成不同蛋白质水平的试验饲料进行饲养试验，所得估量值可能偏高，这可能是以下几个因素造成的：①大多数研究是以鱼体最大生长时的蛋白质水平为基础，而减少或不考虑蛋白质利用率指标；②往往是试验饲料不同的能量蛋白比，所以对于泥鳅的饲料蛋白质需求量应该考虑泥鳅的年龄、饲养条件等。

罗艳萍等（2009）以进口鱼粉、豆粕、谷阮粉为蛋白源，其他原料有α-淀粉、花生粕、磷脂、混合油脂（鱼油：豆油＝1：1）、矿物盐、维生素、$Ca(H_2PO_4)$、$CaCO_3$。原料先经粉碎，全部过60目筛，再制成粒径2.0毫米的不同蛋白质含量的颗粒饲料，分别饲喂幼鳅。试验结果表明：泥鳅饲料的最佳蛋白质水平为39.68%，当饲料蛋白质低于这一水平时，试验幼鳅增重率、特定生长率和饲料效率随饲料中蛋白质含量的增加而提高；高于这一水平时，这些指标呈下降趋势，最后得出泥鳅饲料的适宜蛋白质水平为34.31%～39.68%。鱼体肌肉成分的分析得出，当饲料中蛋白质含量等于或低于29.81%时，将导致其肌肉蛋白质含量显著降低。

蒋宗杰和贺建华（2009）通过比较泥鳅与其他鱼肌肉的蛋白质含量，结合市场泥鳅饲料的效果反馈，认为泥鳅育成料的适宜蛋白质含量为30%～34%。叶文娟和韩冬等（2013）以白鱼粉和豆粕为主要蛋白源，鱼油和大豆油为主要脂肪源，实验得出幼鳅达到最大生长的饲料蛋白质水平为45.5%（占饲料干物质），鱼体蛋白储积率（PRE）随着饲料蛋白质水平的上升而呈现下降趋势，蛋白储积率在低饲料蛋白质水平（23%～38%）没有显著差异，显著高于高蛋白质水平饲料处理组43%～52%。当饲料蛋白质水平过高时，幼鳅的蛋白质储积率明显下降。

有研究表明，鱼类对蛋白质的消化吸收能力较强，对动物性蛋白质的消化吸收率大多在90%以上，对植物性蛋白质的消化吸收率较动物性蛋白质稍差，但是鱼类对豆类蛋白质的消化吸收率较高，可达到70%～80%。在一定程度上，饲料中蛋白质含量越高，蛋白质的消化吸收率也越好。如果饲料中的蛋白质含量下降，碳水化合物含量升高，蛋白质的表观消化率就会下降，而真消化率几乎不变。脂肪对蛋白质的消化率几乎没有影响。饲料中难于消化物含量的提高，会降低对蛋白质的消化率。饲料中的含水率升高会降低蛋白质的消化率。饲料中蛋白质颗粒越细，消化吸收率越好。蛋白质消化吸收率因泥鳅的生长阶段不同而有差异，稚鳅期低于成鳅期。

研究发现，不同的动物、植物蛋白比也能影响泥鳅的增重率、生长率和饲料效率。罗艳萍和张家国（2009）研究泥鳅饲料中的适宜动物、植物蛋白比，配制总蛋白质含量为39.0%、脂肪含量为7.6%的5种饲料，以进口鱼粉、啤酒酵母为动物性蛋白源，豆粕、花生粕为植物性蛋白源，其他原料有次粉、淀粉、混合油脂、黏合剂及必需的维生素、矿物质等。通过改变鱼粉和豆粕的量来调节动物、植物蛋白比分别为1∶2、1∶1、2∶1、3∶1和4∶1，配制成5种饲料，试验泥鳅选择平均体重1.4克的泥鳅，放养在15个直径0.42米、高0.85米的圆桶形周转箱中，每组3个重复，每箱30尾，饲养周期为50天。结果表明：随着饲料动物、植物蛋白比的提高，泥鳅的增重率、特定生长率和饲料效率也随之提高，但当动物、植物蛋白比提高达到一定水平时，增重率、特定生长率和饲料效率不再升高，反而呈现下降的趋势。分析表明，饲料动物、植物蛋白比为2∶1时，泥鳅增重率、特定生长率和饲料效率都最高，显著高于其他各试验组，增重率与饲料动物、植物蛋白比呈二次曲线关系，分析得到最佳动物、植物蛋白比为2.5∶1。

综上可知，在一定范围内，随着饲料蛋白质含量的增加，蛋白质效率逐渐升高，但达到一定水平后，随着饲料蛋白质含量增加，蛋白质效率逐渐降低，因此，并非蛋白质含量越高对泥鳅的生长就一定越好。超过鱼类需求的饲料蛋白质并不能有效地被应用于增加机体蛋白质的储积，而是更多地被分解用作能量物质的消耗，从而降低了饲料蛋白质的利用率。关于泥鳅对蛋白质需求量的研究见表4-2。

在泥鳅的生长发育过程中，对蛋白质的需要量较高，其最适蛋白质需求量主要受以下几方面因素的影响。

表 4-2 泥鳅对蛋白质需求量的研究

生长阶段	蛋白质水平	评价指标	来源
2.39 克	34.31%～39.68%	增重率、特定生长率和饲料效率	罗艳萍、张家国
5.10～7.31 克	45.15%～48.62%	增重率、蛋白质效率、体蛋白增加量	胡良成、宋光泉、陈清泉
2.3 克	30%～34%	肌肉的蛋白质含量	蒋宗杰、贺建华
1.72 克	45.5%	最大生长率	叶文娟、韩冬
5.4 克	36.31%～36.47%	饲料系数	黄雪

（1）环境条件　水温对泥鳅蛋白质需求量有直接影响，在一定温度范围内，一般是水温越高，泥鳅体内酶的活性越高，代谢活动越旺盛，对饲料蛋白质含量要求就越高，反之则低；溶解氧与二氧化碳浓度都直接影响泥鳅的生理活动及代谢强度，因而也影响泥鳅饲料蛋白质的最适量；水体中天然饵料丰盛，直接为泥鳅补充高蛋白质饵料，因此对人工饲料的蛋白质要求就降低了；反之，对饲料蛋白质需求就高。

（2）泥鳅的品种和规格　泥鳅虽属杂食性鱼类，但不同区域，不同品种的泥鳅对饲料蛋白质的要求也不一样，泥鳅对蛋白质需要量与其年龄关系较大，幼鳅、仔鳅、稚鳅生长速度快，对蛋白质要求高，成鳅生长速度减慢，对蛋白质要求稍低一些。

（3）泥鳅的生理状态　泥鳅因生态环境恶化或患病，生长停滞，对饲料蛋白质需求就低；如果生长迅速，代谢旺盛或性腺趋于成熟，对蛋白质需求就高。

（4）饲料蛋白质营养价值的影响　饲料蛋白质中氨基酸含量丰富，比例合理，蛋白质利用率高，泥鳅对这种蛋白质的需求量就可减少，否则就会增加需要量。

（5）饲料中非蛋白质能量的影响　若饲料中可利用的能量丰富，就不需要消耗过多的蛋白质作能源，则对饲料含量要求就低；反之，对饲料中蛋白质需求就高。

2. 泥鳅对氨基酸的需求

氨基酸是构成蛋白质的基本单位。泥鳅摄食饲料蛋白质后并不直接吸收利用，而是在消化酶的作用下，将其逐渐分解为氨基酸或多肽，通过肠道进入血液后吸收。因此，泥鳅对饲料蛋白质的需求，本质上是对组成蛋白质的氨基酸的需求，蛋白质是由22种氨基酸组成的，每一特定的蛋白质都有自己独特的氨基酸组成及比例。鱼类体内不能合成赖氨酸、精氨酸、组氨酸、亮氨酸、异亮氨酸、缬氨酸、苏氨酸、色氨酸、蛋氨酸和苯丙氨酸10种氨基酸，这些氨基酸称为必需氨基酸。另外，胱氨酸可部分（60%）代替蛋氨酸，酪氨酸可部分（50%）代替苯丙氨酸，因此有时把两种氨基酸和必需氨基酸一起考虑，称为半必需氨基酸。饲料中缺乏任何一种必需氨基酸均会影响到蛋白质饲料的营养价值，影响泥鳅的生长。制定饲料配方时，各种蛋白质饲料要合理搭配，使各种氨基酸之间取长补短，达到或接近氨基酸的平衡，以提高蛋白质饲料的利用率。

泥鳅摄取的氨基酸在体内的用途主要有：①使泥鳅体内已经分解了的组织蛋白质复原，使泥鳅机体保持完整；②满足泥鳅生长过程中对蛋白质的需求；③在糖类和脂类等能量物质不足时，氨基酸通过脱氨基作用供能，提供动物生命活动需要的能量。

泥鳅体内的蛋白质经常是处在分解与消耗当中。因为当摄食不含蛋白质的饲料时，也有少量氮化合物由粪和尿排出体外。这种摄取了不含蛋白质的饲料时，随粪便排出的氮称为代谢氮；由尿排泄的氮称为内因性氮。吸收了氨基酸后，用于合成组织蛋白质的氨基酸、脱离氨基、游离的氮化合物在硬骨鱼类中主要以氨的形式通过尿排泄到体外。

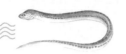

在鱼类的生长过程中，生长过程所需的氨基酸往往随生长阶段不同而异，接近成体时对氨基酸的需求量减少。鱼类对各种氨基酸的吸收速度不一样，其吸收速度顺序为：甘氨酸＞丙氨酸＞胱氨酸＞谷氨酸＞缬氨酸＞蛋氨酸＞亮氨酸＞色氨酸＞异亮氨酸。L-型氨基酸比D-型氨基酸更容易被机体吸收与转运。机体对大部分氨基酸的吸收受到温度的影响，冷水性鱼类吸收氨基酸的速度高于温水性鱼类。同时，消化道的不同部位对氨基酸的消化吸收也不同。

在鲫鱼和泥鳅中的研究发现，用L-丙氨酸、L-精氨酸和甘氨酸进行试验，结果表明：丙氨酸和氨基酸组合，丙氨酸与精氨酸和甘氨酸组合对鲫鱼表现为不同程度的抑制反应，但对泥鳅则表现为较强的引诱反应；与此相反，精氨酸与甘氨酸组合对鲫鱼表现为引诱反应，但对泥鳅则表现为抑制反应。这种不同鱼类对同一种类氨基酸或氨基酸组合的诱食活性反应的差异与不同鱼类对某一种氨基酸的嗅觉、味觉的敏感性的种间差异有关。实验还发现，不同种类的氨基酸对同一种鱼类的诱食活性效果差异很大。对泥鳅而言，丙氨酸对它表现出明显的引诱反应，而甘氨酸对它则为明显的抑制反应。由于不同的氨基酸分子结构上的差异，鱼类味觉、嗅觉感受器对它们的识别及敏感性均不同，从而导致不同氨基酸对鱼类刺激效果的差别。另外，氨基酸的浓度不同对诱食活性效果也产生不同影响，精氨酸在较低浓度时对泥鳅有极其显著的抑制反应，但在较高浓度时却表现出引诱反应的趋势。有报道表明，化学刺激物能否诱发鱼类的趋性还取决于刺激物的浓度，而氨基酸的浓度对鱼类的诱食活性效果起决定性作用。实验发现，随着浓度的增加，精氨酸和甘氨酸对泥鳅的诱食活性的抑制反应减弱。

三、泥鳅对脂类的需求

脂肪是动物生命活动中能量的主要来源，其富含热能，每克可供给机体33.44～37.62千焦热能，在动物代谢活动中起着重要作用。脂肪是泥鳅机体组织的构成成分，其细胞膜等生物膜都是由脂质和蛋白质结合的脂蛋白构成的，细胞质也是由蛋白质和脂肪形成的乳状液。在泥鳅的饲料中适当添加一定量的脂肪，对提高脂肪酸、节约蛋白质、提高饲料转化率具有明显的作用。脂类进入泥鳅小肠后与大量胰液和胆汁混合，在肠蠕动影响下，脂类乳化便于与胰脂肪酶在油和水的交界面上充分接触，在胰脂肪酶的作用下甘油三酯水解生成甘油一酯和游离脂肪酸。磷脂由磷脂酶水解成溶血性卵磷脂。胆固醇酯由胆固醇水解酶水解成胆固醇和脂肪酸。细胞膜具有由磷脂、糖脂和胆固醇组成的类脂层。磷脂对鱼类的生长发育至关重要，胆固醇是鱼体内合成固醇类激素的重要物质；中性脂肪构成机体的储备脂肪（如肠系膜脂肪等），这种脂肪在机体需要时被动用来参与脂肪代谢和能量供给。

泥鳅对脂肪有较强的利用能力，脂肪的消化率与饲料转化率均能达到 90%以上，有的甚至超过 95%。脂肪作为能源具有节约蛋白质的作用，同时，为了维持泥鳅正常生理需求及生长需要，泥鳅必须要摄取高度不饱和的脂肪酸，否则会引起缺乏症，这类脂肪酸称为必需脂肪酸。必需脂肪酸是组织细胞的组成成分，对线粒体和细胞膜结构特别重要。在体内必需脂肪酸参与磷脂合成，并以磷脂形式出现在线粒体和细胞膜之中。脂肪酸是脂肪类的基本组成。在脂肪酸结构中不含双键的称为饱和脂肪酸；具有一个以上双键的脂肪酸称为不饱和脂肪酸。亚油酸、亚麻酸、花生四烯酸等都是鱼类所需要的必需脂肪酸。

泥鳅等鱼类的脂肪主要由不饱和脂肪酸组成，具有很强的生理活性，是其生长发育过程中必不可少的物质。泥鳅肌肉中的不饱和脂肪酸的质量分数占脂肪酸总质量分数的 68.15%，是泥鳅营养价值较高、风味品质优良、具有较好开发利用前景的重要原因。泥鳅肌肉中的脂肪含量达体重的 3.42%，其中单不饱和脂肪酸亚油酸的质量分数占脂肪酸总质量分数的 29.37%，明显高于其他鱼类，显示出泥鳅在脂肪含量及脂肪酸组成方面的优势。此外，脂肪是鱼类能量的主要来源，脂肪含量高的鱼抗寒力较强，与泥鳅生活于水体底层的生活习性相吻合。除亚油酸外，动物在形成机体新组织和修补旧组织时，脂肪可以由碳水化合物在体内转化而成。有研究显示，试验池中常以 3%的植物油拌入动物饵料和人工配合饲料，饲料转化率和饵料系数均明显优于对照池。同时，脂肪储存量的多少对于泥鳅越冬和翌年的复壮也至关重要。

关于鱼类对脂类的营养研究，比较重视的是对鱼体脂肪酸组成的分析以及对必需脂肪酸需要的研究，也有较多关于鱼类饲料中脂肪适宜含量的研究。鱼类对脂肪的需求量受鱼的种类、食性、生长阶段、饲料中糖类和蛋白质含量及环境温度的影响。对草食性和杂食性鱼类而言，若饲料中含有较多的可消化糖类，则可减少对脂肪的需要量；而对肉食性鱼类来说，饲料中粗蛋白质含量愈高，则对脂肪的需要量愈低。

饲料中必需脂肪酸需要量反映了构成该类鱼所有器官和组织需要量的总和，且受温度、盐度和其他环境因素、年龄、生殖、季节及其他因素的影响。例如水温高时，对脂肪的需求量要高些；反之，则低些。温水鱼类与冷水鱼类对脂肪酸需求有明显不同。温水鱼类每增重 1 千克，饲料中至少要添加 6%的脂肪，而增重同样重量的冷水鱼类则需添加 10%的脂肪。我国养殖的淡水鱼类多为温水鱼，因此，饲料中添加 1%～3%的玉米油或大豆油等，加上饲料中所存在的脂肪，使饲料中含脂量达到 4%～8%较为适宜。

罗艳萍和张家国（2009）以进口鱼粉、豆粕、花生粕、α-淀粉、混合油脂等为原料配制成 5 种试验饲料饲养泥鳅的试验，结果表明：饲料脂肪水平对泥鳅的生长有显著影响，脂肪水平为 7.90%时，泥鳅的生长速度及对饲料的利用效率最佳。通过增重率与饲料脂肪水平二次曲线回归分析，得出饲料最佳脂肪水平为 7.68%。蒋宗杰和贺建华等（2009）通过对连云港市的赣榆地区的 6 个厂家的 7 种泥鳅饲料产品进行抽检、分析，发现过高的脂肪（10.2%）和过低的脂肪（3.2%）都不利于泥鳅的生长，并认为泥鳅育成料脂肪适宜需求量为 5%～7%。由于不同脂肪源的脂肪酸组成及各脂肪酸之间的比例存在差异，因而对泥鳅的生长性能、消化率、机体营养及血液生化指标等方面产生一定影响。龟、鳖、鳝、鳅养殖中的对比试验，发现将 3%～5%的植物油拌入饲料，饲料转化率和饲料系数均明显优于对照组。这一措施不但提高了饲料脂肪酸的含量，节省蛋白质并提高饲料转化率，而且为泥鳅的安全越冬提供了可靠的保证。

四、泥鳅对碳水化合物的需求

碳水化合物是植物性饲料的主要成分，包括可溶性单糖、淀粉、半纤维素、纤维素、木质素。可溶性单糖和淀粉能溶于水和稀酸，极易被动物消化和吸收，吸收过程为：先由胃酸和淀粉酶等消化酶水解成单糖后，被毛细管吸收输入肠壁，供机体利用，提供机体所需要的热量。动物体中多余的碳水化合物以糖原的形式储存在肌肉和肝脏里，一旦需要，肌肉和肝脏中的糖原则分解成葡萄糖作为能量输出。另外，碳水化合物还是核酸的重要组成部分，是构成机体的组织成分。糖和淀粉的存在，可缓和蛋白质的分解转化，具有储存和节省蛋白质的作用。半纤维素是位于植物细胞内容物与细胞壁中间类型的物质，植物茎叶和谷物外皮及糠麸含半纤维素较多。泥鳅对半纤维素的消化率较低，在饲料配制过程中不需要专门加入；纤维素是植物细胞壁的主要成分，除了畜禽外，其他动物难以消化，泥鳅更是如此；木质素多存在于稻壳、麦秸、稻草、花生壳等植物废料中，对机体内微生物对纤维素的分解有妨碍作用，因此，一般不用作泥鳅饲料。

不同鱼类的消化道内淀粉酶活性差异较大，因此不同鱼类饲料中碳水化合物含量有很多不同。在水产养殖投喂饲料时，必须了解饲料中最适碳水化合物含量，以便科学投喂。一般家畜禽饲料中含一半以上的碳水化合物，而鱼饲料中蛋白质含量较高，碳水化合物含量只有30%左右。由于泥鳅肠道弯曲度小，其肠长度与体长之比小于草鱼、鳊鱼，所以泥鳅对碳水化合物的消化吸收能力弱于草鱼、鳊鱼。泥鳅对饲料中纤维素耐受力不强，饲料中纤维素水平超过一定值后，纤维素每提高1%，泥鳅的能量消化率下降1.3%，代谢能利用率下降0.3%。因此，泥鳅饲料在对碳水化合物的选择上，要选择黏合性强、含纤维低的原料，碳水化合物的使用量为27.65%～31.48%。

五、泥鳅对无机盐的需求

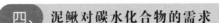

无机盐对维持泥鳅等鱼类的正常生理功能至关重要。无机盐虽

不能供给机体能量，却是构成组织的成分，也是维持正常生理功能所必需的物质。碳、氢、氧和氮在泥鳅等水产动物体内主要是以有机化合物形式出现，其余各种元素则无论含量多少，统称为无机盐。其中钙、镁、钾、硫、氯等含量较多，其他如铁、铜、碘、锌、锰和钴含量极少，有的甚至只有痕量，所以称为微量元素或痕量元素。无机盐的主要作用表现在：①无机盐是构成机体组织的重要材料。例如钙、磷、镁是骨骼和鳞片等的重要成分；磷、硫是构成组织蛋白质的成分；铁是血红蛋白及细胞核的重要组成成分，同时也是生理过程中很多生物催化剂的主要成分。②无机盐和蛋白质协同维持组织细胞的渗透压，在体液移动储备过程中起着重要作用。③酸性、碱性无机离子的适当配合，加之重碳酸盐及蛋白质的缓冲作用，维持机体酸碱平衡。④各种无机离子，特别是一定比例的钾离子、钠离子、镁离子、钙离子是维持神经、肌肉兴奋性和细胞膜通透性的必要条件。⑤无机离子是很多酶系的激活剂或组成成分，如盐酸对于胃蛋白酶原、氯离子对于淀粉酶、镁离子对于氧化磷酸化的多种酶类。

1. 钙和磷

钙和磷是脊椎动物需要量最大的矿物质，与动物体关系密切，钙和磷的变动会直接影响机体的营养价值。常把钙与磷的比例称为钙磷比（Ca/P）。对各种鱼的全鱼分析结果表明，其钙磷比为0.7～1.6。不同饲料中钙、磷含量变化很大，鱼粉中钙、磷都很丰富，主要以磷酸钙镁或者肌醇六磷酸的形式存在，鱼类不易吸收，动物性饲料的钙、磷比较容易吸收，但骨磷不易被吸收。磷酸二钙的利用率最高达80%，普通饲料中磷的利用率约为33%，鱼粉与动物副产品为50%。一般认为，鱼类可以从水中通过鳃或者皮肤摄取钙以供应其正常生长，因此一般情况下，鱼类是不容易发生钙缺乏症。只有当水中钙含量极低时，才需要从饲料中补充。大部分鱼类，当磷缺乏时，表现出磷缺乏症，主要表现为生长缓慢，饲料转化率降低及骨骼变形。当磷缺乏较为严重时，将导致糖原异生酶升高，体脂增加，血磷水平下降，头骨变形，肋骨和胸鳍软刺钙化异常。

有研究表明，在一定的范围内，随着饲料中磷含量的升高，泥鳅的增重率、饲料效率和特定生长率明显增加，当饲料中磷含量为0.84%时达到最大，然后随着饲料磷含量的增加，这些指标显著降低；饲料不同磷含量对鱼体肌肉水分、粗蛋白质和粗脂肪含量没有明显影响；泥鳅脊椎骨中灰分、钙含量和磷含量随着饲料磷含量的增加而增加。因此，为维持泥鳅最佳生长和骨骼磷沉积，泥鳅饲料中磷的需要量为0.84%～1.04%。

2. 其他无机盐

鱼类除了需要钙和磷外，同样还需要镁、铁、碘、铜、钾、钠、氯和铬等其他无机盐。由于配合饲料中都包含少量特殊的无机盐，水中也有无机盐存在，所以要准确确定鱼类对无机盐的需要量，目前在技术上尚有一定的困难。但鱼类对微量元素与极微量元素的需求越来越引起鱼类营养学家与养殖者的重视。当前，矿物质添加剂已成为配合饲料中必不可少的成分。一般鱼类矿物质需要量及其生理功能如表4-3所示。有研究表明，至今已知的其他动物所需要的全部无机盐，或其中的大部分无机盐也是鱼类所需要的。

表4-3　一般鱼类矿物质需要量及其生理功能

矿物质元素	主要代谢活动功能	缺乏症	需要量(每千克干饲料)
钙	骨骼和软骨形成,血液凝固,肌肉收缩	生长缓慢,组织钙减少	5克
磷	骨骼形成;高能磷酸酯;其他有机磷化合物	背部与头部畸形,肝、肌肉、脂肪浸润	7克
镁	脂肪、碳酸化合物和蛋白质代谢中大量存在的酶辅助因素	食欲减退、生长缓慢、肌肉强直、惊厥、死亡	500毫克
钠	细胞间液的主要单价阳离子;参与神经作用和渗透压平衡调节作用	未定	1～3克
硫	含硫氨基酸和胶原蛋白的必要组成成分,参与芳香族化合物解毒作用	未定	1～3克

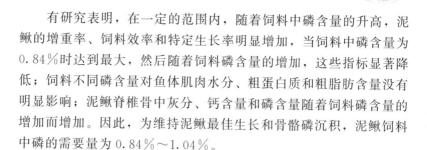

续表

矿物质元素	主要代谢活动功能	缺乏症	需要量/(每千克干饲料)
钾	细胞间液的主要单价阳离子;参与神经作用和渗透压平衡调节作用	未定	1～3克
氯	细胞液中主要的单价阳离子,消化液(Cl)的成分,酸碱平衡作用	未定	1～5克
铁	血红蛋白、细胞血素、过氧化物等血红素必要成分	低色素性小红细胞贫血	50～170毫克
铜	血清蛋白中血红素成分(头足类软体动物),络氨酸酶和抗坏血氧化酶中的辅助因素	生长缓慢	1～4毫克
锰	精氨酸酶和其他代谢酶中的辅助因素参与骨骼形成和红细胞再生	尾柄异常	13～50毫克
钴	氰钴胺素的金属必需成分,防止贫血(维生素 B_{12})	生长缓慢	微量
锌	胰岛素结构和功能所必需的成分,碳酸酐的辅助因素	鳍、皮肤症状、白内障、甲状腺肿增生	30～100毫克
碘	甲状腺素成分,调节代谢率	甲状腺增生	100～300微克
钼	黄嘌呤、氧化酶和还原酶辅助因素	生长缓慢	极微量
铬	调节胶原蛋白和调节葡萄糖代谢率	未定	极微量
氟	组成骨骼的微量元素	未定	极微量
硒	维生素E的有关成分	同维生素E缺乏症	极微量

郝小凤等（2013）以大鳞副泥鳅幼鱼为研究对象，通过研究日粮中不同硒水平对大鳞副泥鳅组织病理学和氧化应激能力的影响，探讨大鳞副泥鳅日粮中硒的最佳添加量，结果表明，当日粮中硒水

平为 0.48～0.50 毫克/千克时，大鳞副泥鳅的抗病能力和免疫能力增强。用硒水平为 0.62 毫克/千克的饲料连续投喂大鳞副泥鳅 60 天，可造成大鳞副泥鳅肝胰脏损伤，低于这个剂量的硒则不会对大鳞副泥鳅肝胰脏造成损伤。这说明，对大鳞副泥鳅来说，日粮中硒水平超过 0.62 毫克/千克就会因硒过量而对其产生毒害效应。日粮中添加不同剂量的硒对大鳞副泥鳅肌肉元素含量的影响比一般营养成分和氨基酸含量的影响显著。其中，当日粮中硒水平为 0.48 毫克/千克时可以显著提高常量元素和微量元素在其肌肉中的含量，其粗蛋白质的含量也相对提高；日粮中硒水平为 0.39 毫克/千克时，可以相对提高其肌肉中氨基酸含量及其肌肉品质。

六、泥鳅对维生素的需求

维生素是一系列低分子有机化合物的统称。它们是生物体所需要的微量营养成分，泥鳅无法自己生产，需要通过食物获得。

泥鳅对维生素的需要量受其大小、年龄、生长率、性成熟阶段、环境的影响而有差异。对这些变量的定量作用尚不能作出适当的估算。因考虑正常储藏期间，维生素的变质损耗及饲料加工时难免遭到破坏，一般维生素的添加量是生长测定中最低需要量的两倍以上。例如维生素 B_1（硫胺素）、维生素 B_2（核黄素）、维生素 B_6（吡哆醇）、维生素 B_{12}（钴胺素）、维生素 B_3（烟酸）、维生素 B_5（泛酸）、维生素 H（生物素）和维生素 B_9（叶酸）是 8 种水溶性维生素，虽添加量少，却对泥鳅生长、生理与代谢起重要作用。胆碱、肌醇、维生素 C（抗坏血病）添加量较多，有时不仅作为维生素添加，而且作为饲料中必需营养成分添加。

由于目前对于泥鳅维生素需求的研究太少，在参考市场他人泥鳅饲料配方中的添加量的基础上，选取张家国（2010）泥鳅饲料中维生素的添加量（表 4-4）。同时参考蒋宗杰有关泥鳅饲料初探，得出泥鳅饲料中维生素的需求量与鲤、鲫相似，因此，泥鳅饲料配制时可以鲤、鲫饲料中维生素的添加量作为参考。

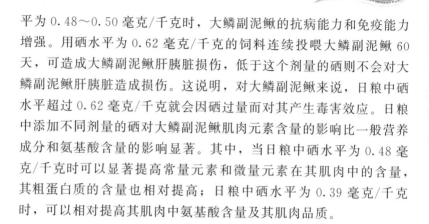

表 4-4 泥鳅饲料配方中维生素的添加量

维生素	添加量	维生素	添加量
维生素 B_1	50 毫克/千克饲料	生物素	5 毫克/千克饲料
维生素 B_2	200 毫克/千克饲料	肌醇	2000 毫克/千克饲料
维生素 B_6	50 毫克/千克饲料	维生素 C	325 毫克/千克饲料
泛酸	400 毫克/千克饲料	维生素 K	40 毫克/千克饲料
烟酸	750 毫克/千克饲料	维生素 E	100 毫克/千克饲料
叶酸	15 毫克/千克饲料	维生素 D_3	2000 国际单位/千克饲料
维生素 B_{12}	0.1 毫克/千克饲料	维生素 A	5000 国际单位/千克饲料

维生素大多是不稳定的物质，遇水、光、碱、热等很容易溶失或被氧化破坏。水溶性维生素包括维生素 A、维生素 D、维生素 B_6、维生素 B_2、维生素 C、维生素 K 和叶酸；易受热破坏的有维生素 C、B 族维生素、维生素 H、维生素 K、维生素 A。较稳定的是烟酸、泛酸钙、胆碱及维生素 H 和维生素 E。其中胆碱易吸湿而能破坏维生素 A、维生素 D、维生素 K 和胡萝卜素，所以要单独使用，并现配现用。泛酸钙、烟酸与维生素 C 也能相互影响，也应单独使用。常采用小麦、谷壳粉等作为维生素载体或吸附剂，先行预混、拌匀或直接作添加剂，或者制成微型胶囊及油状添加。在确定添加维生素的数量时还应该考虑以下几种情况：①加工和储存对维生素的破坏。②抗坏血酸（维生素 C）的氧化是一个特殊问题，热、湿、pH 值变化、某些金属的存在以及正在发生的脂类氧化都可加速其氧化。所以，为了保证饲料中这些易氧化的维生素有足够的量，应使用保护维生素的强化饲料，限制使用氧化脂肪，注意储存条件，当颗粒料制成后立即投喂。③在添加维生素时不要将饲料中各种成分的维生素估算在内，所以必须强化饵料。④某些成分含天然存在的抗营养因子，能降低或者妨碍维生素的功能。⑤必须测定颗粒饲料中维生素的溶失量以及在水中保形时间，以便被有效利用。

在一般实用饲料中，为了提供足量的维生素，并不是都用添加维生素的方法来解决。尤其是一般饲料加工时，即使添加维生素，但在高温、水溶下也损失得较多，所以除了精制的实验饲料和高密度养殖、高档肉食性鱼类中添加维生素之外，通常采用以下方法来解决维生素缺乏问题：草食性鱼类添加青绿饲料；杂食性鱼类加喂发芽饲料及萍类；一般密度网箱及圈养时，在配合饲料中按一定比例添加青干草粉、萍类、松针粉、酵母粉、肝粉和鱼粉等；在高密度集约化完全配合饲料精细化养殖时，不仅要添加复合矿物质添加剂，而且要添加氯化胆碱、泛酸、烟酸、维生素 E 等，可显著提高饲料效率及改善鱼肉品质。一般饲料中或多或少存在着维生素，青绿饲料及干草粉中含维生素 A、维生素 C、维生素 D、维生素 B_1 和维生素 B_2 等；发芽饲料中含有丰富的维生素 E 和维生素 B_1；动物性蛋白质中存在维生素 A、维生素 K、维生素 B_{12} 和烟酸。

七、泥鳅的营养需求小结

由上述泥鳅对能量、蛋白质、脂类、碳水化合物和无机盐等物质的需求可以看出泥鳅在营养上的特异性。泥鳅等水生动物常年生活在水中，属于低等变温动物，生活环境的特殊性导致在营养上与陆生高等恒温动物有所差别，具体表现如下：①对能量的利用率高。泥鳅的体温随水环境温度的变化而变化，略高于水温 0.5℃，远比恒温动物低，因而用于维持体温、用于基础代谢消耗的能量少；鱼类的氮代谢废物主要是氨，氮的代谢排出体外时带走的能量较少，水的浮力大，鱼类在水中保持体位所消耗的能量远比陆生动物低，因此，鱼类生长所需能量为陆生动物的 50%～67%。②对人工饲料的需求量相对较少。泥鳅等水生动物生活在天然水域或人工水域中，可直接或间接地摄取天然饲料，通过鳃或皮肤直接吸收水中无机盐，同时比较容易排出废物。因此，泥鳅等水生动物比陆生动物使用人工饲料相对要节约，尤其在池塘稀养和大水体养殖中更为显著。③对饲料的消化率低。水生动物消化器官分化简单，消化道与体长之间的比例比陆生动物要小得多。消化腺不发达，大部分的消化酶活性不高，肠道中起消化作用的细菌种类少，数量也不多，食物在消化道中停留时间也较短。④对蛋白质需求量高，要求必需氨基酸种类多。泥鳅等水生动物对饲料中蛋白质要求量是畜禽的2～3倍，一般畜禽饲料中蛋白质适宜范围为12%～22%，而泥鳅等鱼类饲料中蛋白质适宜含量与其食性、水温和溶解氧等因素密切相关。

近些年来，随着水产动物营养研究的不断发展，泥鳅的营养需求相关的研究也越来越多，虽然取得了较多的成果，但是研究中仍存在一些问题。主要表现在以下几个方面：①关于泥鳅对蛋白质、脂肪的需要量的研究相对较多，而对于碳水化合物、无机盐和维生素的定量研究相对较少；②对于动物、植物蛋白比对泥鳅生长的影响方面的相关研究相对较少；③对准确确定泥鳅等鱼类对无机盐的需要量的研究，在技术上尚有一定困难；④对维生素的需求量及其作用机制的研究还不够深入；⑤有关微量元素在泥鳅营养中的研究相对较少，并且很多元素的用量还不确定，还有待进一步研究。

第五章

黄鳝、泥鳅的饵料种类

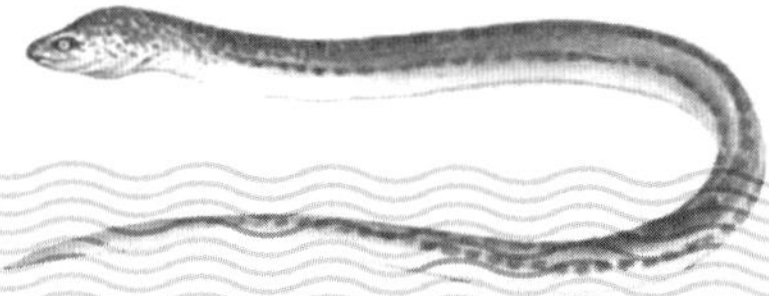

第一节

黄鳝、泥鳅的天然饵料及其人工培育

黄鳝、泥鳅在自然界分布广泛，其生存环境中有丰富的活体饵料，如昆虫、蛙卵、蚯蚓、水丝蚓等。人工养殖黄鳝和泥鳅时，缺乏足够的动物性蛋白质会影响其正常生长。所以，开展黄鳝与泥鳅养殖必须配套养殖饵料生物，尤其在小规模养殖时，利用各地农副产品废料等进行饵料生物培养，变废为宝，可大大降低生产成本，减轻环境污染，是一种利国利民的好方法。即使进行规模化养殖，刚孵出的鳝苗和鳅苗，采用轮虫、枝角类等浮游动物为开口饵料投喂，苗种成活率高、生长快。进行黄鳝和泥鳅商品成鱼养殖驯饵阶段，则必须结合天然鲜活饵料来进行。常规养殖中，投喂配合饲料的同时也应定期补充天然鲜活饵料或在配合饲料中添加部分鲜活饵料。可见，进行黄鳝和泥鳅养殖时必须配套培养饵料生物。

一、轮虫的培育

轮虫是近2000种微小无脊椎动物的统称。它们分布广，多数自由生活，有寄生的，有个体也有群体。废水生物处理中的轮虫为自由生活。身体为长形，分头部、躯干及尾部。头部有一个由1～2圈纤毛组成的、能转动的轮盘，形如车轮故叫轮虫（图5-1)。轮盘为轮虫的运动和摄食器官，咽内有一个几丁质的咀嚼器。躯干呈圆筒形，背腹扁宽，具刺或棘，外面有透明的角质甲蜡。尾部末端有分叉的趾，内有腺体分泌黏液，借以固着在其他物体上。雌雄异体。卵生，多为孤雌生殖。

轮虫是极好的水产动物苗种开口饲料，随着水产育苗技术的发

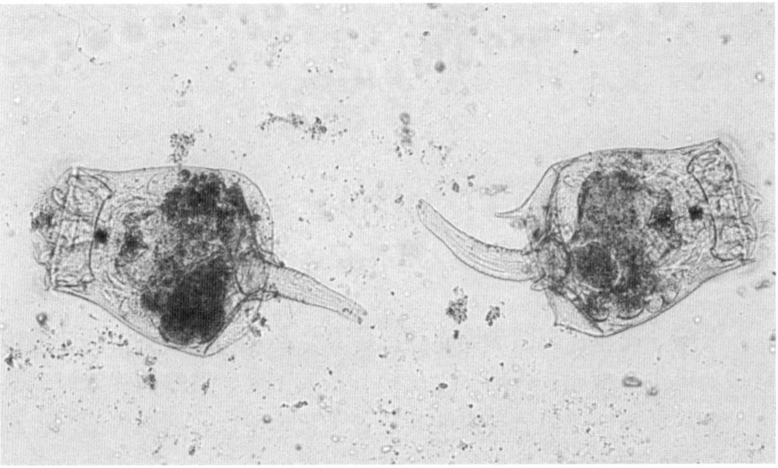

图 5-1　轮虫

展，轮虫培养技术也在不断进步，尤其是近几年发展起来的生物“包裹”技术，可利用轮虫这个活载体，将泥鳅、黄鳝幼苗所需的某些营养物质传递给幼苗。这一技术已在欧洲、美国、日本等海水育苗场中得到广泛应用。所以，有时候培养高质量轮虫是育苗工作中的重要环节。轮虫培育有室内培养和室外培养。

1. 室内培养

（1）种的采集与分离　用浮游生物网（200 目）（图 5-2）从池塘沟渠中捞取浮游生物样品，在解剖镜下比较容易将轮虫分离。为避免其他浮游动物的混入，可先将轮虫吸于一清洁的玻片上，经观察后再转移到小的三角烧瓶或烧杯中，以保证轮虫种的纯度。将分离出来的轮虫分成几个小单位分别进行培养，防止可能发生的污染等情况而使轮虫培养失败，从而保持并储备数量充足的原种。

（2）容器的准备与消毒　室内水泥池在培养前用 25 毫克/升高锰酸钾进行消毒，1 天以后用清水洗干净待用。

（3）培养用水　培养用水亦须严格消毒。培养前水体须用药物消毒，常用药物为漂白粉。漂白粉可以杀死大部分敌害生物及藻类，因其药效消失快，故经 5～7 天充分充气后即可使用。但在正

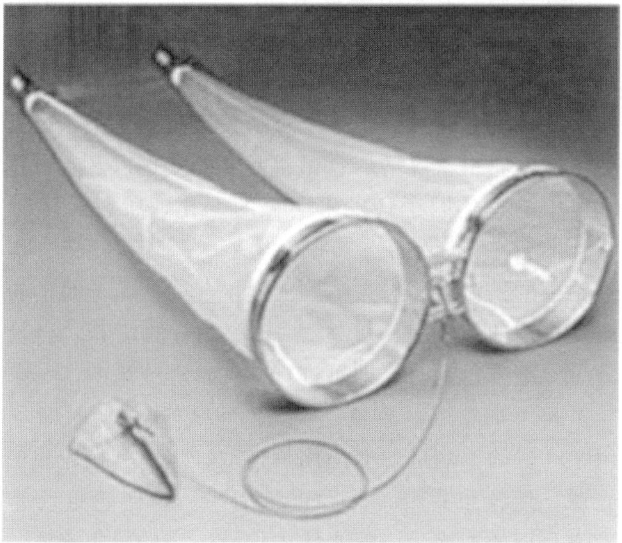

图 5-2 浮游生物网

式使用前，应以少量轮虫试水，确认轮虫无不良反应后方可接种。

（4）接种 轮虫的接种密度一般以 2～5 个/毫升为宜。在适宜的温度、饵料、溶解氧、光照等条件下，经 8～10 天即可扩大培养或收获。

（5）饵料投喂 培养轮虫的饵料以酵母和光合细菌等为主。在培养过程中，要保持较好的光照条件。目前培养轮虫较理想的饵料为单胞藻、酵母和光合细菌等。光合细菌对轮虫的种群增长具有明显的促进作用，投喂量为 5×10^6～10×10^6 个/毫升。并根据培养中的具体情况及轮虫胃中内含物的多少来调节投饵量，以吃饱且略有剩余为宜，过多或不足都不利于轮虫的增殖。

在小水体中培养轮虫，投喂酵母后应轻轻搅拌，使之分布均匀，并能增加水体中的溶解氧。采用稍大水体进行轮虫培养时，应连续充气，以保证培养水体中的溶解氧，并可防止饵料下沉（但充气量不宜过大，否则轮虫容易受伤后漂浮在水面一层），以利轮虫的快速生长和繁殖。

(6) 温度控制　轮虫适温范围较广，其最适生长温度为 25～30℃。为使培养的轮虫达到最快的生长繁殖速度，应注意保温和加温。

(7) 水质控制　轮虫的生长发育和繁殖与水质关系很大。在培养过程中，随着轮虫密度增加、饵料密度的变化以及轮虫排泄物的积累，水体中的理化因子会发生明显的变化，所以应定时观测水质，及时补加新水。

(8) 轮虫的扩大培养　在适宜的温度、光照，充足的饵料，良好的水质及合理的培养方法下，经 10 天左右的培养，当轮虫的密度达到 50 个/毫升以上时，即可进行扩大培养或采收。

(9) 采收　当轮虫的密度达到 50 个/毫升以上时即可采收使用。可用 200 目筛绢制成的专门网具捞取；也可利用轮虫的趋光特性进行光诱，使轮虫集群，然后进行捕捞。为使轮虫培养得以延续，应确定合理的捕捞量，使水体中保持一定的轮虫密度，以利再生产（所以要经常检测轮虫的数量，不宜虫多藻少，水色过清，一旦失去平衡，便不好调整）。

(10) 注意事项　轮虫培养中最常见的敌害生物是纤毛虫。当轮虫排泄物较多，酵母投喂过量时，水质恶化，极易引起纤毛虫大量繁殖。因此，在轮虫的培养过程中，应该防止水质污染，保证轮虫种的纯净，保持培养轮虫的生长及数量优势。

若在轮虫培养初期即出现纤毛虫大量繁殖，干脆予以舍弃，重新培养。在培养过程中发生纤毛虫病，应减少酵母的投喂量。加大单胞藻的投喂量。用 200 目筛绢反复过滤，清水漂洗，可基本去除纤毛虫（喂酵母会经常遇到纤毛虫，酵母是在不得已的情况下投喂）。

2. 室外培养

(1) 清池进水　清池方法有两种：一种为干水清池，即把池水排干，在烈日下暴晒 3～5 天，即可达到清池目的，如有必要，可再用清池药液，部分或全部泼洒池底和池壁；另一种为带水清池，即培养池连同池水一起消毒，按水体量加入药物杀死敌害生物，池水没有浸泡到池壁，则用清池药液泼洒消毒。药效消失后，即可进水。

灌入池中的水，必须通过 250 目或 300 目的密筛绢网过滤，以清除敌害生物。池塘一次进水不宜过多，第一次进水 20～30 厘米，随后逐步增加。

（2）接种　轮虫的接种密度大小要由所使用的饵料种类来决定，因为单细胞藻类为活饵料，接种密度大小对用单胞藻培育轮虫的影响不大，但作为生产性培养，密度不宜过高，也不宜过低，一般 10～30 个/毫升；如果接种量小于 10 个/毫升则偏低，大于 50 个/毫升则偏高。如果用酵母培养，则接种密度需要大一些，一般 20～50 个/毫升为好。因为酵母（面包酵母）水中 3 小时的死亡率超过 50%，所以，剩余的大量酵母死亡后污染轮虫培育水体。用酵母长时间培育轮虫（＞3 天），若投饵量过大，大量酵母死亡污染水质，使 pH 值下降、氨氮浓度上升，造成轮虫死亡，导致培育失败。

轮虫接种密度过小时，若酵母投喂量小，酵母在水体中的密度便会降低，轮虫很难滤食到足够的食物，因而轮虫常因摄食不足而不能繁殖，甚至会导致轮虫因饥饿而死亡，造成培育失败；若酵母投喂量大，虽然能保证轮虫滤食到足够的食物，但如果轮虫密度低，无法全部滤食掉所有的酵母，这必然导致大量的死酵母残留。随着培育时间的延长，残留污染物不断增加，最终导致轮虫培育失败。若因条件所限，只能低密度接种轮虫时，应尽量用单胞藻进行培育，或添加一定量的单胞藻与酵母共同培育轮虫，可提高轮虫培育成功率。

（3）培养管理　大量培养轮虫的成功条件必须是培养环境与轮虫的生理要求完全一致，否则轮虫将会增殖不良或逐渐死亡。为了稳定培养并供应优质的轮虫，应从以下几个方面加强管理。

① 水温。水温是与轮虫繁殖关系最密切的环境因素。轮虫适温范围为 5～40℃，最适温度为 25～35℃。在适宜的温度范围内，随着温度的升高，轮虫的世代时间缩短，产量也随之增加。水温对

轮虫繁殖影响有两个方面：一是水温过高或过低，二是水温急剧波动。

过高的温度对轮虫的种群增长有抑制作用。温度过高会使轮虫的蛋白质、碳量及热值急剧下降，从而降低轮虫的品质。温度过低同样会影响轮虫的繁殖。厦门地区野生轮虫的数量在11月份开始减少，12月上旬全无踪影，室内培养的轮虫活力降低，深入容器底部，寒潮来临大量死亡。在天气不稳定、气温变化较大的季节，尤其是大量使用轮虫的4～5月梅雨时期，轮虫数量也会急剧变动。所以在轮虫培养过程中，要密切注意水温变化，及时采取有效应对措施，避免轮虫大量死亡。

② 盐度。高盐度对轮虫增殖不利，如果仅从轮虫培养来考虑，适宜的盐度范围是15～25，但低盐度培养的轮虫投入育苗池后活力差或死亡，饵料价值会降低，可以在适当的范围内降低比重促进轮虫的增殖。在培养过程中注意维持水位，保持正常的水深。在炎热的夏天，太阳暴晒，水分蒸发量大，造成水位下降，池水盐度增大，对轮虫生长繁殖很不利，必须进行调节。最理想的方法就是把淡水引入培养池，如果不能引入淡水也可灌入新鲜海水调节。另外，在轮虫接种或采收时，盐度的升降差不能超过5‰，否则轮虫会因盐度突变而大量死亡。

③ 合理投喂。目前用于轮虫培养的饵料主要为单细胞藻类和酵母，浮游植物的单种培养物是褶皱臂尾轮虫的最合适的饵料，也有人用发酵面粉、农业加工下脚料（如米糠）培养轮虫。如果投喂单细胞藻类（如小球藻、扁藻等），则投喂量不受限制。小球藻、扁藻等单胞藻培育轮虫营养全面，饵料效果好，但是，由于受单胞藻培育场地的限制，在进行大规模轮虫培育时，单胞藻的量很难做到足量供给。

由于轮虫食量大，轮虫摄食单胞藻的速度远远大于单胞藻的增殖速度，一般情况下，单独用单胞藻培育轮虫，轮虫密度很难达到200个/毫升以上。虽然采用特有的培育装置，以浓缩小球藻为饵料，培育的轮虫密度可达（1.0×10^4）～（2.0×10^4）个/毫升，但这种轮虫培育的成本过高，不易推广。以酵母为饵料培育的轮虫，经短时间的单胞藻或鱼肝油营养强化，也能达到很好的效果。

轮虫是滤食性动物，能滤食到多少食物，与水体中饵料的密度密切相关。所以，为了保证轮虫能滤食到足够的食物，总的原则是早期的投饵量要适当高些，随着轮虫密度逐渐增大，应适当降低投喂量。

④ 水质。除了水温及盐度外，水体 pH、溶解氧及氨氮含量对褶皱臂尾轮虫的增殖也有较大影响。随着轮虫的生长繁殖，密度越来越大，投饵量也随之增加，残饵和粪便的积累越来越多，除了 pH 值下降外，耗氧量及水中氨氮量也增加，这对轮虫的生长有抑制作用。于建平等人在轮虫的氨氮慢性中毒实验中发现氨氮浓度超过 2.1 微摩尔/分米^3 时对增殖有不良影响，超过 7.8 微摩尔/分米^3 时轮虫数量相对减少 50%。同时，毛洪顺等人研究发现，在溶解氧多时有效氮以硝酸态氮为主，在缺氧状态下则以氨态氮为主，因而改善水体中的溶解氧状况在一定程度上可降低氨含量和氨的危害。因此，培养过程一方面需要连续充气，这不但可以稳定和提高溶解氧，保证轮虫的呼吸需要，同时还起到搅拌的作用，防止褶皱臂尾轮虫聚群，避免局部缺氧，也使饵料分布均匀；另一方面要根据轮虫的生长情况和密度变化调整投饵量，这样可以稳定水质，使培养顺利进行。

在更高的条件下可以用机械的方法清除污染物，即建造能及时排除死亡酵母及残渣的过滤设施与及时清除氨氮等污染物的设备，或者多投喂单细胞藻类，并适当地使用光合细菌，有利于改善培育水质，对降低氨氮也有一定的辅助作用，对轮虫生长有促进作用。

⑤ 敌害生物。在轮虫培养过程中，常见的原生动物主要是无色鞭毛虫类和纤毛虫类，其中与轮虫争食饵料的多是纤毛虫类的盾纤虫和游仆虫，有时还混有桡足类、水蚤类、丰年虫等浮游动物。这些生物不仅与轮虫争食饵料，也争夺栖息场所和生活空间，有些桡足类还会摄食轮虫，是影响轮虫繁殖的主要负面因素之一。这些敌害生物多半是海水过滤不干净或是从饵料中带进来的。另外，当

投喂过多的酵母或者换水量不足时，容易引起敌害生物的大量繁殖，轮虫大量沉底死亡导致培养失败。因此，在轮虫培养生产过程中，一要保证轮虫种健壮和纯净，二要防止水质污染，三要保证投喂酵母不过量，以免留饵时间过长而败坏水质。

（4）采收　轮虫的密度超过 100 个/毫升时，即可采收。用面包酵母培养的轮虫缺少高度不饱和脂肪酸，这种轮虫在采收前必须用海水小球藻或鱼肝油营养强化 6～12 小时。采收轮虫时，轮虫的死亡量因密度、落差、收集容器中有无海水而有很大差异。

采收中轮虫遭受猛烈冲击后，或死亡或活力降低，结团浮于水面上。直径 2.5 毫米的尼龙管从 1 米高落下，收集到容器内的死亡率是 6.1%，若经导管进入水中则可降低死亡率。收获时，可用 250～300 目筛绢网制成约 40 升的网箱，网箱高 40 厘米，外有一方不锈钢架支撑，网箱捆紧于不锈钢架内，张开。把网箱连同不锈钢架放在一个高为 20 厘米的大塑料盆中（盆中盛入新鲜海水），用潜水泵把池水抽出，经塑料软管导入网箱内过滤。塑料软管应尽量避免用阀门和异径接头，管口应没入水面以下，避免水流太大和突然改变对它的冲击。待网箱内轮虫密度大时，用塑料勺舀取作为饵料投喂或作为种轮虫继续培养。

为了避免将致病菌带入育苗池，必须用过滤海水将轮虫冲洗干净或经药浴消毒后再投喂。池中轮虫也可只采收一部分，采收后立即在轮虫培养池中加入新鲜海水补回采收的水量，并继续投喂酵母，充气培养。由于轮虫培养池中的残饵、轮虫粪便等物质会随着培养天数的增加而增多，使水质逐渐恶化，因此每次培养时间一般维持 15～25 天，最多 30 天，然后全部采收，清池，开始新一轮的培养。

二、枝角类的培育

枝角类又称水蚤，隶属于节肢动物门、甲壳纲、枝角目，是淡水水体中最重要的浮游生物组成之一（图 5-3）。枝角类不仅具有较高的蛋白质含量（占干重的），含有鱼类营养所必需的重要氨基

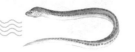

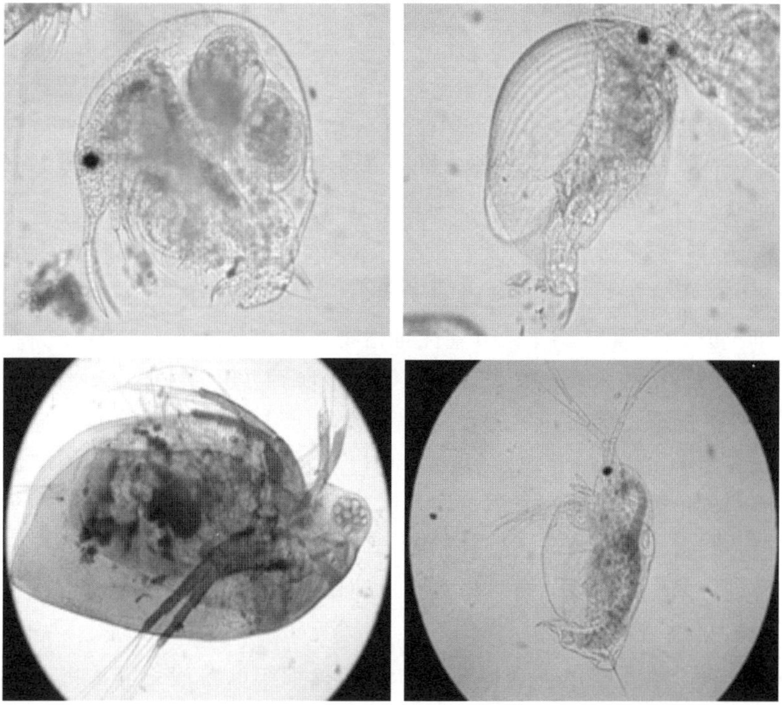

图 5-3 枝角类

酸，而且维生素及钙质也颇为丰富，是饲养鱼类包括黄鳝、泥鳅及虾蟹幼体的理想活饵料。以往对枝角类的利用主要采用池塘施肥等粗放式培养，或人工捞取天然资源，这些都在很大程度上受气候、水温等自然条件限制。随着鱼、虾、蟹养殖业的蓬勃兴起及苗种生产的不断发展，对枝角类的需求不仅数量大，同时要求能人为控制，保证供给。因此，近年来大规模人工培养枝角类已受到普遍重视。

枝角类的培养方式属间接培养，也就是先繁殖细菌和藻类，以此作为它的饵料。枝角类的培养方法可分为室内小型培养、室外培养和工厂化培养。

1. 室内小型培养

室内小型培养规模小，各种条件易于人为控制，适于种源扩大和科学研究。一般可利用单细胞绿藻、酵母或Banta液进行培养。其他可盛水的容器，如玻璃缸、塑料桶、陶瓷缸及烧杯、塑料桶等都可作为培养容器。利用绿藻培养时，可在装有清水（过滤后的天然水或曝气自来水）的容器中，注入培养好的绿藻，使水由清变成淡绿色，即可引种。利用绿藻培养枝角类效果较好，但水中藻类密度不宜过高，一般小球藻密度控制在200万个/毫升左右，而栅藻45万个/毫升即可，密度过高反而不利于枝角类摄食。利用Banta液培养时，先将自来水或过滤天然水注入培养器内，然后每升水中加入牛粪15克、稻草或其他无毒植物茎叶2克、肥土20克。粪和土可以直接加入，草宜先切碎，加水煮沸后再用。施肥完毕后用棒搅拌，静置2天后，每升水可引种数个，引种后每隔5～6天追肥一次。Banta液培养的枝角类通常体呈红色，产卵较多。利用酵母培养枝角类时，应注意酵母过量腐败水质。此外，酵母培养的枝角类，其营养成分缺乏不饱和脂肪酸，故在投喂鱼虾之前，最好用绿藻进行第二次强化培育，以弥补单纯用酵母的缺点。

2. 室外培养

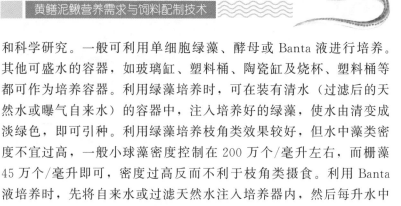

室外培养枝角类规模较大，若用单细胞绿藻液培养，占时占地，工艺太复杂。因此，通常采用池塘施肥或植物汁液法进行培养。土池或水泥池均可作为培养池，池深约1米，大小以10～100米^{2}为宜，最好建成长方形。首先要清池，第一种方法是用30～40毫克/升漂白粉；第二种方法是用8毫克/升敌百虫；第三种方法是用200毫克/升生石灰。第一种方法处理的池子3～5天后便可使用，第二、第三种处理方法需经7～10天后才可使用。清塘后的池中注入约50厘米深的水，然后施肥。水泥池每平方米投入畜粪1.5千克作为基肥，以后每隔1周追肥1次，每次0.5千克左右，每立方米水体加入沃土2千克，因土壤有调节肥力及补充微量元素的作用。土池施肥量，一般为水泥池的2倍左右。利用植物汁液培养时，先将莴苣、卷心菜或三叶苜蓿等无毒植物茎叶充分捣碎，以每平方米0.5千克作为基肥投入，以后每隔几天，视水质情况酌情追肥。上述两种方法，均应在施基肥后将池水暴晒2～3天，并捞去水面渣屑，然后即可引种。也可采用酵母与无机肥混合培养，每立方米水体施用30克酵母和65克硫酸铵或37.5克硝酸铵，以后每隔5天追肥1次，用量减半。引种量以每平方米30～50克为宜(以平均孔万个蚤体为1克估算)。如其他条件合适，引种后经10～15天，枝角类大量繁殖，布满全池，即可采收。

3. 工厂化培养

近年来，国外已开展了枝角类的大规模工厂化培养，主要的培养种类为繁殖快、适应性强的多刺裸腹蚤，这种蚤为我国各地的常见种，以酵母、单细胞绿藻进行培养，均可获得较高产量。室内工厂化培养，采用培养槽或生产鱼苗用的孵化槽都可以，培养槽从几吨至几十吨，可以用塑料槽或水泥槽，一般一个15吨的培养槽其规格可定为3米×5米×1米，槽内应配备通气、控温和水交换装置。为防止其他敌害生物繁殖，可利用多刺裸腹蚤耐盐性强的特点，使用粗盐将槽内培养用水的盐度调节到1‰～2‰。其他生态条件应控制在最适范围之内，即水温22～28℃、pH值8～10、溶解氧5毫克/升以上。枝角类接种量为每吨水500个左右。如用面包酵母作为饲料，应将冷藏的酵母用温水溶化，配成10%～20%的溶液后向培养槽内泼洒，每天投饵1～2次，投饵量约为槽内蚤体湿重的30%～50%，一般以在24小时内被吃完为宜。接种初期投饵量可稍多一些，末期酌情减少。如果用酵母和小球藻混合投喂，则可适当减少酵母的投喂量，接种2周后，槽内蚤类数量可达高峰，出现群体在水面卷起旋涡的现象，此时可每天采收。如生产顺利，采收时间可持续20～30天。

4. 技术要点

用于培养的蚤种要求个体强壮，体色微红，最好是第一次性成熟的个体，显微镜下观察，可见肠道两旁有红色卵巢。而身体透明、孵育囊内负有冬卵、种群中有较多雄体的都不宜用来接种。人工培养枝角类虽工艺简单、效果显著，但种群的稳定性仍难以控制，甚至短时间（一昼夜或几小时）内发生大批死亡现象。为了便于管理，培养池面积宜小而数量宜多。正常情况下，枝角类以孤雌生殖方式进行繁殖，种群生长迅速，环境条件一旦恶化或变化剧烈，蚤类即行两性生殖，繁殖速度明显减慢。因此，培养时应保持环境相对稳定，避免饥饿、水质老化及温度、pH 值大幅度变化。同时应注意观察枝角类的状态，如发现枝角类体色淡、肠道呈蓝绿色或黑色、夏卵数量少、卵呈浅蓝绿色并出现大批雄蚤和负冬卵的个体、种群中幼体数少于成体数等现象，都是培养情况不良造成的，应抓紧采取措施或重新培养。培养池四周应无杂草，杂草丛生不仅消耗水中养分，更易使有害生物繁殖。夏秋傍晚时分，应用透气纱窗布将培养容器盖严，以防蚊虫入水产卵。小型枝角类繁殖快，鱼类适口性好。有时需要培育小型种类，则可用极低浓度（0.05 毫克/升）的敌百虫药液控制大型种类。如连续培养，每次蚤类采收量应控制在池内现存量的 20%～30%，一般可用手抄网采集成团群体。生产结束时，为给下一次培养准备蚤种，可在培养达到较大密度时，在较高水温条件下（25～30℃），突然中断投喂饵料，饥饿数天，获取大量冬卵。冬卵可吸出后阴干，装瓶蜡封，存放在冰箱或阴凉干燥处，也可以不吸出，留在原培养容器或池塘中，再次培养时，排除污水，注入新鲜淡水，冬卵即会孵化。

三、黄粉虫的培育

粉虫又叫面包虫，在昆虫分类学上隶属于鞘翅目，拟步行虫科，粉甲虫属（图 5-4）。原产于北美洲，20 世纪 50 年代从苏联引进中国饲养。

黄粉虫可以代替蚯蚓、蝇蛆作为黄鳝、对虾、河蟹的活饵料。黄粉虫营养价值很高，据报道，黄粉虫含蛋白质 47.68%、脂肪 28.56%、碳水化合物 23.76%。黄粉虫养殖技术简单，一人可管理几十平方米养殖面积，可以立体生产。黄粉虫无臭味，可以在居室中养殖。成本低，1.5～2 千克麦麸可以养成 0.5 千克黄粉虫。幼虫活动的适宜温度为 13～32℃，最适温度为 25～29℃，低于 10℃极少活动，低于 0℃或高于 35℃有被冻死或被热死的危险。幼

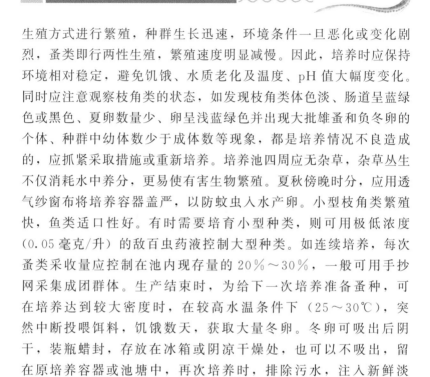

图 5-4 黄粉虫

虫很耐干旱，最适湿度为 80%～85%。末期幼虫化为蛹，蛹光身睡在饲料堆里，并无茧包被。蛹有时自行活动，将要羽化为成虫时，不时地左右旋转，几分钟或十几分钟便可脱掉蛹衣羽化为成虫。蛹期较短，温度在 10～20℃时 15～20 天可羽化，25～30℃时 6～8 天可羽化。黄粉虫属杂食性，五谷杂粮及糠麸、果皮、菜叶等均可作饲料。人工饲养主要喂食麦麸、米糠和菜叶等。

1. 黄粉虫的培育方式

黄粉虫是变温动物，其生长活动、生命周期与外界温度、湿度密切相关。各态的最适温度和相对湿度如下。黄粉虫各态即卵、幼虫、蛹、成虫最适温度为 19～26℃、25～29℃、26～30℃、26～28℃，最适湿度为 78%～85%、30%～85%、78%～85%、78%～85%，温度和湿度超出这个范围，黄粉虫的各态死亡率较高。夏季气温高，水分易蒸发，可在地面上洒水，降低温度，增加湿度。梅雨季节，湿度过大，饲料易发霉，应开窗通风。冬季天气寒冷，应关闭门窗在室内加温。黄粉虫的培育技术比较简单，根据生产需要可进行大面积的工厂化培育或小型的家庭培育。

（1）黄粉虫家庭培育　家庭培育黄粉虫，可用面盆、木箱、纸箱、瓦盆等容器放在阳台上或床底下养殖。容器表面太粗糙的，在内壁贴裱蜡光纸即可使用。家庭培育黄粉虫，规模较小，产量很低。可用面盆、木箱、纸箱等容器放在阳台上或床下养殖。注意防止老鼠、苍蝇叮咬，也要防止鸡啄食。

（2）黄粉虫工厂化培育　这种生产方式可以大规模提供黄粉虫作为饵料。适合黄鳝、鳖等的养殖需要。工厂化养殖的方式是在室内进行的，饲养室的门窗要装上纱窗，防止敌害进入。房内安排若干排木架或铁架（图 5-5），每只木（铁）架分 3～4 层，每层间隔 50 厘米，每层放置 1 个饲养槽，槽的大小与木架相适应。饲养槽可用铁皮或木板做成，一般规格为长 2 米、宽 1 米、高 20 厘米。若用木板做槽，其边框内壁要用蜡光纸裱贴，使其光滑，防止黄粉虫爬出。

图 5-5　黄粉虫养殖架

2. 黄粉虫的养殖模式

（1）黄粉虫培养房　大面积培养通常采用立体式养殖，即在室内搭设上下多层的架子，架上放置长方形小盘（长 60 厘米、宽 40 厘米、高 15 厘米），在盘内培养黄粉虫。每盘可培养幼虫 2～3 千克。

（2）黄粉虫箱养　用木板做成培养箱（长 60 厘米、宽 40 厘米、高 30 厘米），在上面钉上塑料窗纱，以防苍蝇、蚊子进入。箱中放一个与箱四周连扣的框架，用 10 目规格的筛绢做底，用以饲养黄粉虫；框下面为接卵器，用木板做底。箱用木架多层叠起来，进行立体生产。

（3）黄粉虫塑料桶养　塑料桶大小均可。但要求内壁光滑，不能破损起毛边。在桶高 1/3 处放一层隔网，在网上层培养黄粉虫，下层接虫卵。桶上加盖窗纱罩牢。

3. 黄粉虫的饲养管理

黄粉虫在 0℃以上可以安全越冬，10℃以上可以活动吃食，生长适温为 25～36℃，最高不超过 39℃，室内空气湿度以 60%左右为宜。在长江以南，一年四季均可养殖。在特别干燥的情况下，黄粉虫（尤其是成虫）有相互蚕食的习性。黄粉虫幼虫和成虫昼夜均能活动，但以黑夜较为活跃。

（1）饲料黄粉虫的处理　黄粉虫除留种外，无论幼虫、蛹还是成虫，均可作为活饵料和干饲料。幼虫从孵出到化蛹约 3 个月，此期内虫的个体由几毫米长到 30 毫米，均可直接投喂黄鳝。生产过剩的可以烘干保存。

（2）黄粉虫饲料及其投喂法　人工养殖黄粉虫的饲料分两大类：一类是精料（麦麸和米糠）；另一类是青料（各种瓜果皮或青菜）。精料使用前要消毒晒干备用，新鲜麦麸也可以直接使用。青料要洗去泥土，晾干再喂。不要把过多的水分带进饲养槽，以防饲料发霉。发霉的饲料最好不要投喂。

饲养前，先在箱、盆等容器内放入经纱网筛选过的细麸皮和其他饲料，再将黄粉虫幼虫放入，密度以布满容器或最多不超过 2～3 厘米厚为宜。最后上面盖上菜叶，让虫子生活在麸皮、菜叶之间，自由采食。虫料比例是虫子 1 千克，麸皮 1 千克，菜叶 1 千克。当然，刚孵化后的幼虫要精养，以多投玉米面、麸皮为主。随着个体的生长，增加饲料的多样性。每隔 1 周左右，换上新鲜饲料并及时添补麸皮、米糠、饼粉、玉米面、胡萝卜片、青菜叶等饲料，也可添加适量鱼粉。每 7 天左右清理 1 次粪便。幼虫适宜生长温度为 25～30℃，适宜湿度为 80%～85%，幼虫要蜕皮 15～17 次。每蜕皮 1 次就长大一点。当幼虫长到 20 毫米时，便可用来投喂动物。一般幼虫继续生长到体长 30 毫米、体粗达到 8 毫米，最大个体体长 33 毫米、体粗 8.5 毫米时，颜色由黄褐色变淡，且食量减少，这是老熟幼虫的后期阶段，会很快进入化蛹阶段。初蛹呈银白色，逐渐变成淡黄褐色。初蛹应及时从幼虫中拣出来集中管理。蛹期要调整好温度与湿度，以免发生霉变。

黄粉虫饲养周期为 100 天左右。卵经 3～5 天孵化成幼虫，幼虫经连续 8 次蜕皮而化为蛹。蛹本身睡在饲料堆里，有时自行活动，经 7～9 天，即羽化为成虫（蛾）。将要羽化成虫时，不时地左右旋转，几分钟或几十分钟便可蜕掉蛹衣羽化为成虫。成虫存活 30～60 天。在饲养的过程中，卵的孵化以及幼虫、蛹、成虫要分开饲养。当大龄幼虫停止吃食时，要拣出来放于另一器具里，使其化蛹、羽化、产卵。经 1～2 个月的养殖，便进入产卵旺期。此时接卵纸要勤于更换，每 5～7 天换一次，每次将收集的卵粒分别放在孵化盒中集体孵化。经 7～10 天便可孵化成幼虫。孵出的幼虫再分出放在饲养盒中饲养。这样周而复始，循环繁衍。只要室温保持在 15～32℃，一年四季均可繁殖。每只雌成虫每次可繁殖幼虫 3000 多条。

四、光合细菌

光合细菌（图 5-6）是地球上最早出现的具有原始光能合成体系的原核生物，是一类在厌氧条件下进行不放氧光合作用的细菌的总称。广泛分布于地球生物圈的各处，无论是海洋、湖泊、江河，还是水田、污泥、土壤、极地，甚至在 90℃的温泉中、在盐度为 300 的盐湖里、在深达 2000 米的深海里、在南极冰封的海岸上，

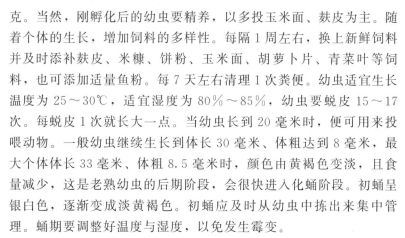

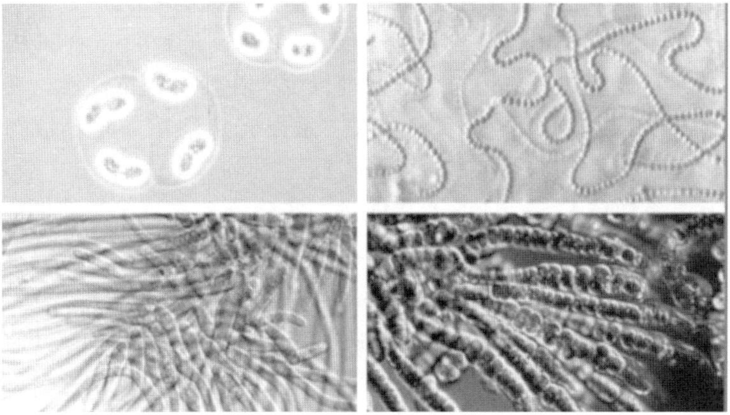

图 5-6 光合细菌

都能找到其踪迹。在自然界的淡水、海水中，通常每毫升含有 $10^3 \sim 10^4$ 个光合细菌。

光合细菌的菌体无毒，营养丰富，蛋白质含量高达 64.15%～66.0%，其氨基酸组成齐全，含有机体必需的 16 种氨基酸，各种氨基酸的比例较合理；B 族维生素种类齐全，尤其是维生素 B_{12}、叶酸、生物素的含量相当高，是啤酒酵母和小球藻的 20～60 倍；作为生物体内具有重要生理活性物质的辅酶 Q，在光合细菌中的含量远远超过其他生物。

在不同的自然状态下，光合细菌具有光合、固碳、降解大分子有机物、固氮、脱氮、硝化、反硝化、硫化物氧化等多种代谢功能，与自然界中的碳、氮、硫、磷的地球化学循环有着重要关系，在环境自净过程中起着重要作用。除此之外，光合细菌还可作为泥鳅幼体的开口饵料、饵料添加剂及浮游动物饵料，直接或间接地被泥鳅摄食。

1. 作为开口饵料用于泥鳅幼体培育

光合细菌可直接或间接作为泥鳅育苗中的初期饵料。一般对幼体的生长和提高成活率有明显的效果，这在水产养殖中已得到普遍应用。如李光友等用光合细菌投喂对虾苗，虾苗成活率提高 30%；

刘中等用光合细菌投喂鲢、鳙鱼苗，存活率提高13.5%，体长提高24%；王育锋用光合细菌培养夏花鱼种，鱼种每亩产量提高90.9%；庞金钊等应用光合细菌进行生产性河蟹育苗试验，变态率提高11.6%；日本东京大学农学系以光合细菌的培养液饲养孵化出3天后的鲽鱼苗50天，实验组平均体长为21.08毫米，对照组平均体长17.04毫米，同时，实验组增重与成活率也优于对照组。

2. 作为泥鳅饲料添加剂

光合细菌作为优良的饲料添加剂，其菌体富含蛋白质，还含有对生长发育起促进作用的生理活性物质（辅酶Q和B族维生素等）。从氨基酸的组成来看，它含有丰富的蛋氨酸，从而具有与动物性蛋白质相似的性质，其消化率也与干酪素相同，特别是含有大量维生素B_{12}及维生素H，此外还含有大量的维生素K，有很高的饵料价值，而且不含有毒成分。光合细菌拌入饲料后，可补充和增加饲料营养成分，降低饲料系数，刺激泥鳅免疫系统，促进胃肠道内的有益菌生长繁殖，增强消化能力和抗病能力，促进生长。

在泥鳅养殖过程中，针对光合细菌等微生物饵料，宜采用内服和外用相结合的方法。养殖前期5～6月份，鳅池经清理消毒后，灌注新水至水深50厘米，投施粪肥200～300千克/亩培肥水质。待水色变绿后，再引入光合细菌，可很快形成优势细菌种群，促进浮游植物和浮游动物的快速生长，培育饵料基础。

五、单细胞藻类

单细胞藻类是个体微小的单细胞真核藻类，是泥鳅苗种直接或间接的生物饵料（图5-7）。其主要特点是富含多不饱和脂肪酸。多不饱和脂肪酸是维持水产动物苗种正常的生长发育所必需的。尤其是ω～3族的DHA（二十二碳六烯酸）、EPA（二十碳五烯酸）作用十分明显。研究表明，ω～3族的多不饱和脂肪酸具有多种生物化学作用：增强生物体的免疫力；提高受精卵的孵化率、幼体的成活率和生长率；增强视力等。但是如此重要的营养物质许多水产

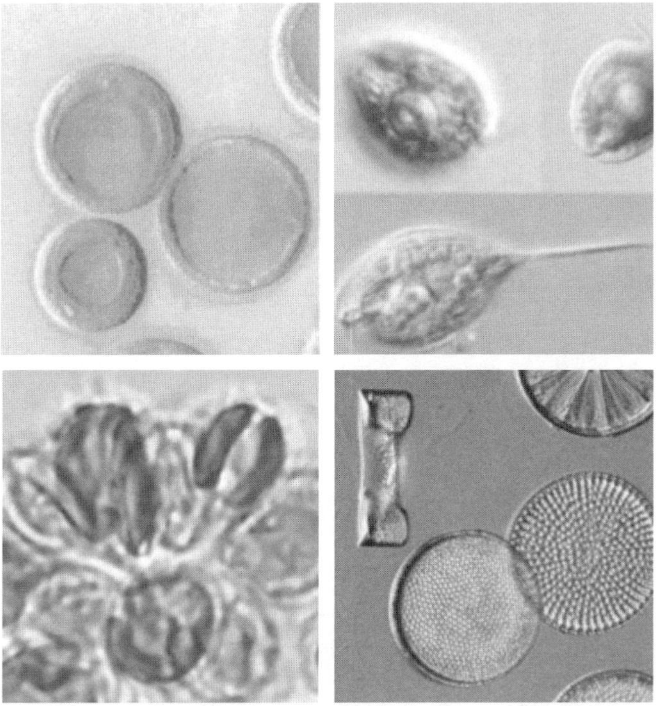

图 5-7 单细胞藻类

动物自身不能合成，必须从外界获得。

单细胞藻类在以食物链为途径满足泥鳅营养需求的过程中，作为营养强化剂具有简单、高效和低成本等许多优点。目前，主要利用途径如下。

1. 直接投喂新鲜藻液

泥鳅的幼体阶段大都以植物性饵料为食，直接投喂或在苗池中培养 EPA 和 DHA 含量高的藻类，可以明显提高苗种活力和育苗成活率。

2. 对动物性饵料进行营养强化

在用轮虫、卤虫、水蚤等动物性饵料投喂泥鳅苗种时，由于这类饵料本身 $\omega\sim3$ 族的多不饱和脂肪酸含量很低，所以投喂前一般对其进行营养强化，以提高饵料中 ω～3 族的多不饱和脂肪酸含量。一般使用小球藻和螺旋藻对动物性饵料进行营养强化。

3. 作为配合饲料的营养添加剂

大量培养 EPA 和 DHA 含量高的藻类，经浓缩、加工后做配合饲料的营养强化添加剂，或者用藻类制成微型胶囊后，直接投喂泥鳅。

六、水蚯蚓的培育

水蚯蚓又名丝蚯蚓，俗称红虫（图 5-8），常栖息于沟渠河岸淤泥浅水处。水蚯蚓营养丰富，干品含粗蛋白质 62%，多种必需氨基酸含量达 35%，且适口性好，对提高泥鳅幼体诱食效果、生长率和成活率都具有重要作用，是泥鳅幼体理想的饵料。水蚯蚓可利用鳅苗池原池培养，也可建池专养。

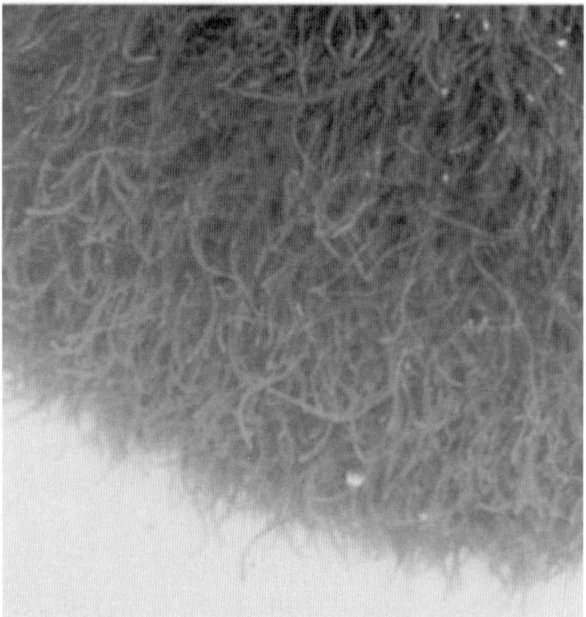

图 5-8　水蚯蚓

1. 建池

宜选水源充足、排灌方便、坐北朝南的地方建池。池长10～30米、宽1.0～1.2米、深0.2～0.25米。池底最好铺一层石板或打上“三合土”，要求培养池有0.5%～1%的比降，在较高的一端设进水沟、进水口，较低的一端设排水沟、排水口，并在进水口、排水口设置金属网栅栏。注意培养池要有一定的长度，否则投放的饲料、肥料易被水流带走散失。

2. 制备培养基

优质的培养基是缩短水蚯蚓采收周期从而获得高产的关键。培养基的原材料可以选择有机腐殖质碎屑丰富的污泥、疏松剂和有机粪肥作培养基原料。先在池底铺一层10厘米厚的甘蔗渣或其他疏松剂，用量是每平方米2～3千克。随即铺上一层污泥，使总厚度达到每平方米10～12厘米，加水淹没基面，浸泡2～3天后施牛粪、鸡粪、猪粪，每平方米10千克左右；接种前再在表面敷一层厚度3～5厘米的污泥，同时在泥面上薄敷一层发酵处理的麸皮与米糠、麦麸、玉米粉等的混合饲料，每平方米撒150～250克；最后加水，使培养基面上有3～5厘米深的水层。

3. 引种与接种

每年秋季（9月中、下旬），当气温降至28℃左右时即可引种入池。水蚯蚓的种源各地都不缺乏，在城郊的排污水沟、港湾码头、畜禽饲养场及屠宰场的废水坑凼、糖厂、食品厂排放废物的污水沟等处比较丰富，可就近采种。接种工作简单，采种鳅时可连同污泥、废渣一起运回，因为其中含有大量的蚓卵。即把采回的蚓种均匀撒在蚓池的培养基面上就宣告完成。每平方米培养基面积按300～600克投放为宜。

4. 饲料与投喂

水蚯蚓特别爱吃具有甜味的粮食类饲料，畜禽粪肥、生活污水、农副产品加工后的废弃物也是它们的优质饲料。饲养过程中所投饲料（尤其是粪肥）应充分腐熟、发酵，否则它们会在蚓池内发酵产生高热“烧死”蚓种与幼蚓。粪肥可按常规在坑凼里自然腐熟，粮食类饲料在投喂前16～20小时加水发酵，在20℃以上的室温条件下拌料，加水以手捏成团、丢下即散为度，然后铲拢成堆，拍打结实，盖上塑料布即可。如果室温在20℃以下时需加酵母片促其发酵，用量是每1～2千克干饲料加1片左右，在头天下午15：00～16：00时拌料，第二天上午即能发酵熟化。揭开塑料布有浓郁的甜酒香味即证明可以饲喂泥鳅了。

5. 采收与提纯

水蚯蚓的繁殖能力极强，一年四季都可以繁殖，为雌雄同体异体受精。孵出的幼蚓生长20多天就能产卵繁殖。每条成蚓1次可产卵茧几个到几十个，一生能产下100万～400万个卵。一年中以7～9月繁殖最快，其生长、繁殖适温为20～32℃。在适宜的环境条件下，新建蚓池接种30天后便进入繁殖高峰期，每天繁殖量是以倍数的形式进行的，且能一直保持长盛不衰。但水蚯蚓的寿命不长，一般只有80天左右，少数能活到120天。因此，及时收蚓也是获得高产的关键措施之一。采收方法是头天晚上断水或减小水流量，迫使培养池中缺氧，此时水蚯蚓群聚成团漂浮水面，第二天一早便可很方便地用24目的聚乙烯网布做成的小抄网舀取水中的蚓团。为了提纯水蚯蚓，可将一桶蚓团先倒入方形滤布中然后在水中淘洗，除去大部分泥沙，再倒入大盆摊平，使其厚度不超过10厘米，表面铺一块螺纹纱布淹水1.5～2.0厘米深，用盆盖盖严，密封约2小时后，水蚯蚓会从纱布眼里钻上来，揭开盆盖，提起纱布四角，即能得到与渣滓完全分离的干净水蚯蚓。

七、摇蚊幼虫的培育

摇蚊幼虫又名血虫，在各类水体中都有广泛分布，其生物量常占水域底栖动物总量的50%～90%（图5-9）。摇蚊幼虫生存力强，生长、繁殖快，对水体环境没有特别要求。

1. 培育池

面积1～100米^2；结构：水泥池；池深：50厘米左右，水深20～30厘米；池底铺富含有机物的淤泥。

2. 培育方法

培育摇蚊幼虫，不需要进行引种工作，每年春季，水温上升到

图 5-9 摇蚊幼虫

14℃以上，气温在17℃以上时，自然会有很多摇蚊在培育池中产卵繁殖。2～7天，卵便孵化出膜。刚孵化的摇蚊幼虫营浮游生活，生活期为3～6天，以各种浮游生物和有机碎屑等为食。因此，在每年春季，要经常向池水中泼洒发酵过的有机肥，使池水维持较高的肥度。

浮游生活之后，摇蚊幼虫逐渐转为底栖生活，主要以有机碎屑为食。这期间要定期向池中泼洒发酵过的有机肥投放于陆草，让陆草腐熟发酵。摇蚊幼虫具背光性。在光照强烈的夏季，要适当加深池水，使池水深度维持在40～50厘米，或在池子上方加盖凉棚等。摇蚊幼虫耐低氧能力很强，长期处于低氧或短期处于无氧环境条件下都能正常生存。因此，培养摇蚊幼虫的池水不需要特别管理。

3. 捕捞

捕捞时，先用孔径为1.5毫米左右的网将池中大颗粒的烂草败叶捞去，然后排出部分池水，再铲取底泥，用孔径为0.6毫米的筛网筛去淤泥即可得到摇蚊幼虫。

第二节

黄鳝、泥鳅的人工配合饲料

人工配合饲料是指人们根据黄鳝、泥鳅不同生长阶段、不同生理特点、不同养殖模式下对各类营养成分的需求，按照营养配比平衡的要求，把多种不同营养成分与来源的饲料按照一定比例搭配混匀，通过合理的特定工艺流程生产而成的饲料。

一、人工配合饲料的优势

人工配合饲料中蛋白质稳定，制作精细，便于运输、储存、常年稳定供应和投喂，特别适合集约化养殖和大规模养殖。

通过合理的原料搭配，提高单一饲料养分的实际效能和蛋白质生理价值，饲料营养全面且效价高，能满足生长发育的营养需要。因此，配合饲料投喂效果好，增重率比天然饲料高。

根据需要可人工添加免疫增强剂、引诱剂和防病药物，改善黄鳝、泥鳅的消化状况和营养状况，提高黄鳝、泥鳅的食欲和摄食量，增强体质和抗逆能力，起到防病治病的效果。

扩大了饲料源，因地制宜地选用当地营养成分较高又廉价的原料资源，配制适口饲料，充分利用饲料资源，降低饲料成本。

二、饲料配制原则

人工饲料的配制不是简单的混合，而是根据各类原料特性和动物习性、生理特征等，采用合理的加工工艺，制造营养全面、适口性好的饲料。配制过程中主要考虑以下几个方面。

1. 黄鳝、泥鳅对营养物质的需求量

黄鳝、泥鳅不同生长阶段，机体对营养物质的需求量不同。所以，根据黄鳝、泥鳅对各类营养物质的需求量来设计配方是基本原则，饲料中某一营养物质过多或缺乏，都将导致饲料的浪费，甚至使黄鳝、泥鳅生病或死亡。

2. 选择原料

配制饲料时，熟悉各种原料的特性和营养成分，尽量就近选择或开发来源广、易得、廉价的各种饲料，精选出优质原料，进行科学、合理的搭配。从而降低运输成本，节约饲料成本。

3. 了解各营养物质的相关性

为了科学、合理地配制饲料，不但需要详细了解各种营养物质的功能与需求量，而且更要弄清饲料中各营养物质的相关性，才能达到科学配合各营养物质，增强营养物质的消化吸收，减少粪污的排放。

(1) 蛋白质、脂肪及碳水化合物的相互关系　蛋白质、脂肪及碳水化合物是饲料中三大有机营养物质，在机体代谢过程中可进行有限的相互转化。碳水化合物和氨基酸可转化为脂肪，而脂肪难以转化为碳水化合物和氨基酸；碳水化合物和脂肪转化为蛋白质时，只能合成非必需氨基酸，而不是必需氨基酸；蛋白质和碳水化合物转化为脂肪时，也只能合成非必需氨基酸。

蛋白质、脂肪和碳水化合物在动物机体内也是相互影响的。当脂肪和碳水化合物供给不足时，蛋白质便作为能量物质被消耗。当能量供应过高时，反而会限制蛋白质和其他营养物质的绝对摄入量，从而导致养殖动物营养不良，影响生长发育。

(2) 纤维素与其他营养物质的相关性　饲料中需要一定含量的纤维素，能够填充肠道，稀释其他营养物质，促进肠道蠕动，帮助消化吸收等。过量的纤维素，反而会影响饲料营养物质的吸收。

(3) 氨基酸之间的相互关系　饲料中加入不同种类的氨基酸时，应先考虑氨基酸之间的相关性，防止氨基酸浪费。有些氨基酸同时使用时可能会起到协同作用，也可能是拮抗作用。协同作用时，氨基酸可以相互替代，或功效更显著，例如苯丙氨酸与络氨酸、蛋氨酸与胱氨酸。拮抗作用时，因其相互对抗而作用功效减弱或抵消，例如抵消精氨酸与赖氨酸、亮氨酸与异亮氨酸。

(4) 维生素与矿物质的相关性　饲料中维生素与矿物质的相互关系也主要表现在两个方面：一个是协同作用；另一个是拮抗作用。维生素 D 能有效地促使钙、磷吸收，维生素 C 促进铁的吸收，维生素 E 必须在有硒存在的条件下发挥功效，并可替代硒，而反之不能。饲料中矿物质元素能加速维生素 A 的破坏，能降低维生

素 K_3、维生素 B_1、维生素 B_6 的效价；胆碱使钙、磷吸收率下降等。

三、人工配合饲料的种类

1. 根据饲料的形态分类

根据饲料的形态可分为粉状饲料、面团状饲料、碎粒状饲料、块状饲料、颗粒状饲料和微型饲料 6 种。颗粒饲料根据含水率与密度可分为硬颗粒饲料、软颗粒饲料、膨化颗粒饲料和微型颗粒饲料 4 种。根据饲料在水中的沉浮程度分为浮性饲料、半浮性饲料和沉性饲料 3 种。

(1) 粉状饲料　是将原料粉碎到规定的粒度，再混合均匀而成。粉状饲料适用于饲养泥鳅幼苗。粉状饲料可加入黏合剂、淀粉或油脂，经喷雾、揉压等工艺而成面团状或糜状（图 5-10）。

图 5-10　粉状饲料

(2) 颗粒状饲料　因颗粒硬度和加工方法不同，可分为硬颗粒饲料、软颗粒饲料、膨化颗粒饲料和微型颗粒饲料（图 5-11）。

① 硬颗粒饲料。颗粒饲料的含水率低于 13%，颗粒密度大于 1.3 克/厘米^3，沉性。

图 5-11 颗粒状饲料

② 软颗粒饲料。是一种现加工现用的粒状饲料，含水率20%～30%，颗粒密度1.0～1.3克/厘米^3，呈面条状或粒状。

③ 膨化颗粒饲料。颗粒饲料的含水率小于硬颗粒饲料，颗粒密度约0.6克/厘米^3，为浮性泡沫状颗粒，可在水面上漂浮12～24小时不溶散，营养成分溶失小，又能直接观察鱼群摄食情况，便于精确掌握投饲量，故其饲料利用率较高。

④ 微型颗粒饲料。颗粒直径在500微米以下，小至8微米的微型饲料的总称。微型颗粒饲料主要作为浮游生物的替代物，饲养刚孵化的泥鳅苗。

2. 根据饲料的营养特征分类

根据饲料的营养特性可分为全价配合饲料、高蛋白质配合饲料、浓缩饲料和预混合饲料。

（1）全价配合饲料　是由多种饲料按水产动物的营养标准配制而成的一种营养全面、平衡，且饲料配比较为合理的配合饲料。

（2）高蛋白质配合饲料　是由多种饲料按水产动物的粗蛋白质

指标配制而成的一种粗蛋白质含量高，钙、磷比例合理，且饲料配比较为合理的配合饲料。

（3）浓缩饲料　是由蛋白质饲料、矿物质饲料及微量元素、维生素及各种饲料添加剂，按一定比例混合均匀的高蛋白质混合饲料。浓缩饲料不能单独使用，使用前按一定比例与能量饲料等混合成为配合饲料或全价配合饲料。

（4）预混合饲料　预混料是添加剂预混合饲料的简称，因添加成分不同，而有1%～5%之分。如1%预混料主要由各种微量元素、各种维生素与稀释剂或载体物质按一定比例混合而成；1.5%预混料主要由各种微量元素、维生素、氯化胆碱等与稀释剂或载体物质按一定比例混合而成；2.5%和5%预混料主要由各种矿物质、维生素、氯化胆碱等与稀释剂或载体物质按一定比例混合而成。

第六章

黄鳝、泥鳅饲料配方中常用原料及其质量标准

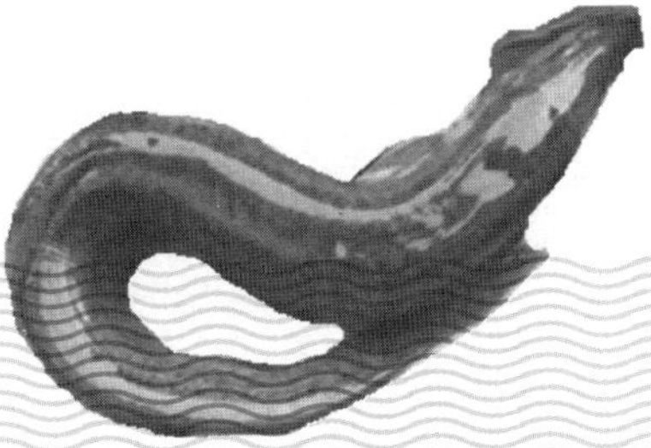

第一节

能量饲料

能量饲料是指饲料干物质中粗纤维含量低于18%，粗蛋白质含量低于20%的饲料。黄鳝、泥鳅配合饲料中常用的能量饲料主要包括：谷实类和动物、植物油脂。现将黄鳝、泥鳅配合饲料中选用的一部分能量饲料分类介绍如下。

一、谷实类饲料

谷实类饲料是禾本科植物籽实的统称，我国常用的谷实类饲料主要有玉米、高粱、大麦、小麦、谷子等。谷实类饲料的共同特点是无氮浸出物含量高，一般为70%～80%；粗纤维含量低，为3%～8%；粗蛋白质含量8%～11%，蛋白质品质较差；可利用能量较高；钙少磷多，但大部分以植酸磷形式存在，动物对其利用率较低。

1. 玉米

（1）营养特点　玉米的有效能值是谷实类饲料中最高者，与其可消化碳水化合物较高含量有关。玉米中无氮浸出物含量70%～73%，主要是易消化的淀粉；粗纤维含量低，为1.6%～2%；粗脂肪含量为3.5%～4.5%，是小麦和大麦的2倍，高油玉米中粗脂肪含量可达8%以上，主要存在于胚芽中。玉米脂肪多为不饱和脂肪酸，脂肪酸组成中亚油酸59%、油酸27%、花生四烯酸0.2%、亚麻酸0.8%、硬脂酸2%，因此，必需脂肪酸含量高达2%，是谷类籽实中含量最高的。在动物日粮中玉米比例达50%以上，一般可满足动物对亚油酸的需要。而高油脂玉米脂肪含量为6%～10%，甚至高达17%，亚油酸含量也提高40%～60%。因此，玉米的有效能值在谷实类饲料中最高。

玉米的粗蛋白质含量低，为7%～9%，而且蛋白质品质差，主要由醇溶蛋白与谷蛋白组成，缺乏动物所必需的赖氨酸、蛋氨酸与色氨酸等。改良后的高蛋白质玉米和高赖氨酸玉米显著提高了玉米的蛋白质含量以及赖氨酸和色氨酸等必需氨基酸含量，赖氨酸和色氨酸比普通玉米高40%～50%，进一步改善了玉米的营养价值。

玉米的矿物质含量很低，约1.4%，而且钙磷比不平衡，钙少磷多，且大部分磷是植酸磷，对单胃动物的有效性低；铁、铜、锰、锌、硒等微量元素含量也较低。维生素含量较少，但维生素A原含量丰富，约2.0毫克/千克，维生素E含量较多，为20～30毫克/千克，几乎不含维生素D和维生素K，B族维生素中，含维生素B_1较多，约3.1毫克/千克，而其他B族维生素含量则很少。黄玉米中含有较多的色素，主要是叶黄素和玉米黄素等。其中，叶黄素平均含量达20毫克/千克。

(2) 应用　玉米在我国的种植面积很大，原料很容易得到，但鱼类对玉米营养的吸收比较差，它的蛋白质含量较低，约8%，且氨基酸组成不平衡，缺乏赖氨酸和色氨酸等必需氨基酸；玉米中钙、磷等矿物质含量很低，且磷多为不可利用的植酸磷。所以，玉米在黄鳝配合饲料中使用较少。

2. 小麦

(1) 营养特点　小麦有效能值高，高于大麦和燕麦，但略低于玉米；粗蛋白质含量居谷实类之首，在12%以上，有的达14%以上，但必需氨基酸尤其是赖氨酸不足，因而小麦蛋白质品质较差。无氮浸出物多，在其干物质中可达75%以上；粗脂肪含量1.7%～1.9%，故其有效能值低于玉米；B族维生素和维生素E较多，但维生素A、维生素D、维生素C、维生素K含量较少；矿物质含量一般高于其他谷食，磷、钾等含量较多，但半数以上的磷为植酸磷，生物有效性弱，可通过添加植酸酶提高其生物利用度；另外，小麦中阿拉伯木聚糖等非淀粉多糖（NSP）含量高达6%，黏度大且不能被动物消化酶分解，具有抗营养作用，使用量高时影响小麦的能量利用效率，可通过添加外源酶制剂降低其抗营养作用。

（2）应用　小麦在我国的种植面积仅次于水稻，原料来源广泛。虽然能量水平低于玉米，粗脂肪也只有玉米的一半，蛋白质明显高于玉米，必需氨基酸含量也相对较高，但赖氨酸和苏氨酸含量相对较低。由于小麦蛋白质含量高，淀粉适口性好，而且还能增加饲料的黏度、改善饲料的硬度，增加饲料在水中的稳定时间。另外，小麦中的维生素含量较为丰富，在鱼类配合饲料中应用得较为广泛，鱼类对其营养物质的吸收率也较高，黄鳝饲料也适合应用小麦，目前效果较好。但是，小麦中的维生素 A、维生素 D、维生素 K 和维生素 C 较少，磷含量较高，可达 0.36%～0.55%，但 70% 左右为不可利用的植酸磷，在饲料配比中应该注意这些成分的添加。

3. 大麦

（1）营养特点　大麦的有效能略低于小麦，其中，粗蛋白质含量一般为 11%～13%，平均为 12%，其品质稍优于玉米；无氮浸出物含量（67%～68%）低于玉米，其组成中主要是淀粉；脂质较少（2%左右），甘油三酯为其主要组分（73.3%～79.1%）。大麦中也含有较高的非淀粉多糖（NSP），达 10%以上，其中主要由 β-葡聚糖（33 克/千克）和阿拉伯木聚糖（76 克/千克）组成，因此，大量使用大麦配制饲料时，需要使用外源酶制剂。

（2）应用　大麦作为黄鳝饲料优于玉米，但比小麦差。大麦粉经蒸汽处理后加入饲粮，能增强其黏结性，有利其成型。黄鳝采食含有大麦的饲粮，肉质有变硬趋势。

4. 米糠、米糠饼与米糠粕

米糠是糙米精制时的加工副产品，是果皮、种皮、外胚乳和糊粉层等的混合物。米糠的品质与成分，因糙米精制程度而不同，精制的程度越高，米糠的饲用价值越大。

（1）营养特点　米糠的有效能与大麦相当；蛋白质含量约为 13%，其中赖氨酸、蛋氨酸等含量较多，因而其氨基酸组成较合理；脂肪含量高达 15%～17%，脂肪酸组成中多为不饱和脂肪酸；

粗纤维含量较多，质地疏松，容重较轻；B族维生素和维生素E丰富，如维生素B_1、维生素PP、泛酸含量分别为19.6毫克/千克、303.0毫克/千克、25.8毫克/千克；矿物质中钙（0.07%）少磷（1.43%）多，钙、磷比例极不平衡（1∶20），但80%以上的磷为植酸磷。因而，需要添加外源植酸酶提高磷的利用率。

（2）应用　米糠是草食性及杂食性鱼类的重要饲料原料，脂肪利用率高，可提供鱼类必需脂肪酸、肌醇，对鱼的生长效果好。米糠在黄鳝饲粮中用量不宜过多。

二、油脂类饲料

油脂是油和脂的总称，按一般习惯，在室温下呈液态的称为油，呈固态的称为脂。两者的本质相同，都是由脂肪酸和甘油组成。

脂肪是高能营养物质，每克脂肪在黄鳝体内可释放热能33.5千焦，是蛋白质的1.8倍、糖的2.5倍。脂肪中有些脂肪酸是黄鳝必不可少的营养物质，如亚油酸、亚麻油酸、月桂酸等。由于鳝鱼的活动量较小，热能消耗相对较小，所以对脂肪的消化率很高。脂肪吸收后，一部分转化为能量提供活动消耗，大部分重新组合体内的脂肪积蓄起来。因此，在饲料中保证一定的脂肪含量可以促进动物生长。

1. 油脂种类

油脂种类较多，按来源可将其分为以下四类：①动物性油脂是指用家畜、家禽和鱼体组织（含内脏）提取的一类油脂。其成分以甘油三酯为主，另含少量的不皂化物和不溶物等。②植物性油脂是从植物种子中提取而得，主要成分为甘油三酯，另含少量的植物固醇与蜡质成分。大豆油、菜籽油、棕榈油等是这类油脂的代表。③饲料级水解油脂是指制取食用油或生产肥皂过程中所得的副产品，其主要成分为脂肪酸。④粉末状油脂对油脂进行特殊处理，使其成为粉末。现主要介绍黄鳝饲料中常用的动物性油脂和植物性油脂。

（1）动物性油脂　是指用家禽、家畜和鱼体组织（含内脏）提取的一类油脂。其成分以甘油三酯为主，且总脂肪酸含量在90%以上，不皂化物在2.5%以下，不溶物在1%以下。①畜禽油脂。是以畜禽组织为原料提炼而得的油脂，一般是将肉类加工厂的副产品，如肉皮、内脏等组织，经过加热、加压、分离或浸提而制得。其中，以猪油为较常见，猪油由屠宰猪的脂肪组织加工而成，为白色膏状物，碘值为44～66，皂化值为193～200，酸价为1.1～2.2。猪油中油酸占43.4%，亚油酸10.5%，硬脂酸13.5%，棕榈酸27%，棕榈油酸3%。②海产动物油脂。泛指鱼油、鱼肝油及海产哺乳动物油。在饲料工业中应用最多的主要是鱼油。鱼油是鱼粉生产的副产品，主要有鲜鱼油、金枪鱼油、沙丁鱼油、鲸鱼油等。鱼油的碘值为135，皂化值为180～192。鱼油含有高度不饱和脂肪酸，不饱和度比植物油更高，鲜鱼油的不饱和脂肪酸达80%，其脂肪酸组成为：二十碳烯酸25.5%，二十二碳烯酸24%，亚油酸13%，棕榈酸12%，棕榈油酸10%，油酸8%。故极易氧化酸败，要注意密封保存，使用适量的抗氧化剂。鱼油具有鱼腥味，在黄鳝、泥鳅饲料中添加，具有很好的诱食效果。

（2）植物性油脂　植物性油脂是从油料作物的种子或果实中提炼的油脂。其成分以甘油三酯为主，总脂肪酸含量超过90%，不皂化物在2%以下，不溶物低于1%。植物性油脂有大豆油、玉米油、菜籽油和花生油，其主要供食用。用于配制黄鳝、泥鳅饲料的油脂往往是将植物油脂和鱼油按比例搭配使用。

① 大豆油。来自大豆的种子，总脂肪酸含量95%，碘值为120～137，皂化值为188～195。大豆油的消化率达98%。大豆油的主要成分为亚油酸和油酸，各种脂肪酸的组成为：亚油酸52%，油酸24.6%，软脂酸11.5%，亚麻酸8%，硬脂酸3.9%。大豆油中富含维生素A和维生素D。

② 菜籽油。由油菜籽提炼，总脂肪酸含量为95%，碘值为97～108，皂化值为167～180。普通菜籽油脂肪酸组成为：芥酸43%～54%，亚麻酸15.0%～19.2%，亚油酸11.4%～19.5%，油酸12.2%～21.0%，软脂酸2.4%～4.0%，硬脂酸0.5%～

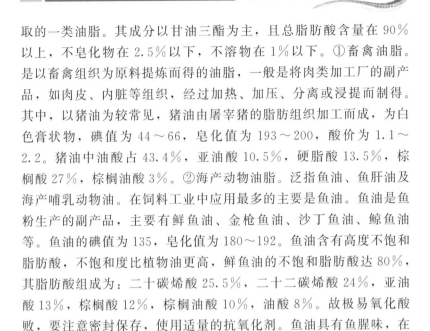

1.3%，其他脂肪酸1.2%～2.0%。

③ 花生油。由花生仁提炼制得，总脂肪酸含量为95%，碘值为188～197，皂化值为70～73。花生油脂肪酸的主要成分为：亚油酸38%，油酸37%，软脂酸13%，花生酸6%～8%，硬脂酸3.5%。

④ 玉米油。由玉米加工的副产品——玉米胚芽提炼制得。玉米油容易消化吸收，含有较多的天然抗氧化剂维生素E，因此稳定性较好。玉米油的碘值111～131，皂化值为188～193，不皂化物小于2%。玉米油中含有大量的不饱和脂肪酸。玉米油的主要脂肪酸组成为：亚油酸34%～56%，油酸34%～48%，饱和脂肪酸10%～17%。

2. 油脂对黄鳝、泥鳅的营养作用

油脂主要作用是提供热能，还作为一种溶剂可以帮助脂溶性维生素的吸收，提供必要的脂肪酸。油脂是高能营养物质，每克脂肪在黄鳝、泥鳅体内可释放热能33.5千焦，是蛋白质的1.8倍、糖的2.5倍。油脂中有些脂肪酸是黄鳝、泥鳅必不可少的营养物质，如亚油酸、亚麻油酸、月桂酸等。黄鳝、泥鳅的活动量较小，热能消耗相对较小，所以对脂肪的消化率很高。脂肪吸收后，一部分转化为能量提供活动消耗，大部分重新组合体内的脂肪积蓄起来。因此，在饲料中保证一定的脂肪含量可以促进动物生长。

需要注意的是，添加油脂后，日粮能量浓度提高，黄鳝、泥鳅采食量降低，因此应相应提高日粮中其他养分的含量，尤其是蛋白质的浓度，保证日粮的能量蛋白比。脂肪容易氧化酸败，添加脂肪的饲料需添加抗氧化剂并妥善保管，同时避免使用劣质油脂。此外，油脂添加量不宜过高（4%～5%为宜），添加量超过6%～7%会影响饲料加工。

3. 油脂的保存

油脂储存过程中极易氧化，这是由油脂的内在因子及外部条件造成的，内在因子是油脂中富含高度不饱和脂肪酸。外部因素是高温、强光、高湿、杂质、微生物、霉菌及酶等因子的影响。因此，油脂应储存于非铜（锌、锰、钴等金属及其盐）质的密闭容器中，储存期间应防止水分混入和气温过高。为了防止油脂酸败，可在油脂中添加占油脂0.02%的抗氧化剂。常用的抗氧化剂为丁羟甲氧基苯（BHA）和丁羟甲苯（BHT）。对液态油脂，可将抗氧化剂直接加入到油脂中混匀；对固态油脂，将油脂加热熔化，再加入抗氧化剂混匀。添加油脂的饲料还可以额外添加乙氧基喹啉、维生素E、维生素C等。

第二节

蛋白质饲料

以干物质计算，粗蛋白质含量大于或等于20%，粗纤维含量小于18%的一类饲料，称为蛋白质饲料。蛋白质饲料由于其蛋白质含量较高，在黄鳝、泥鳅配合饲料中起着重要的作用。蛋白质是黄鳝、泥鳅增重的基础物质，没有什么饵料物质能够代替，它不仅是鳝鱼体蛋白质的构架，而且可以作为能量物质被黄鳝、泥鳅利用。黄鳝、泥鳅是偏肉食性的，一般糖类过多对黄鳝、泥鳅的生长没有作用，因为它无法大量吸收。黄鳝、泥鳅对鱼肉中的蛋白质吸收利用率较高，可以达到90%以上。研究表明，黄鳝、泥鳅最佳生长所需的饲料蛋白质含量为35.7%～37%，介于草食性和肉食性鱼类的需求之间，与杂食性鱼类比较接近，这也符合黄鳝的食性要求。在黄鳝饲料配制中常用的蛋白质饲料主要是植物性蛋白质饲料与动物性蛋白质饲料两类。

一、动物性蛋白质饲料

1. 鱼粉

(1) 营养特点　鱼粉（图6-1）中蛋白质含量高，一般为

50%～70%，氨基酸组成合理，赖氨酸和蛋氨酸等必需氨基酸含量高。鱼粉中含有丰富的矿物质，如钙、磷、铁、锌、铜、碘、硒等。因鱼粉很易与其他饲料混合在一起，故它所提供的矿物质元素极易搅拌均匀，有效性很高。鱼粉中富含B族维生素，尤其是胆碱、生物素和维生素 B_2。鱼粉中通常含有一定量的盐分，含盐量通常为1%～4%。动物可通过吸收未经抗氧化处理的鱼粉中不饱和脂肪酸来满足其对必需脂肪酸的需要量。鱼粉在动物日粮中的主要作用是提供高质量的蛋白质，补充植物性蛋白质日粮中必需氨基酸的不足。大量试验证明，添加鱼粉的日粮比未添加鱼粉的日粮的饲用价值高。

图 6-1 鱼粉

（2）应用 由于蛋白质的来源同为水生动物，鱼粉的营养物质更能被鱼类吸收利用，转化率很高。同时，它的营养物质还有其他蛋白质来源物质不可代替的作用，能够有效地促进生长。鱼粉按其加工方法、原料的种类、地域划分，分为许多种。比如，进口的鱼粉主要品种有红鱼粉（秘鲁、智利等国生产）和白鱼粉（美国、俄罗斯、新西兰等国生产）。红鱼粉是指以红鱼肉（如沙丁鱼、鲭鱼等）加工的鱼粉。白鱼粉是指以白鱼肉（如鳕鱼、鲽鱼等）加工的鱼粉。实际应用中主要考虑蛋白质含量，国产鱼粉的蛋白质水平在55%～60%，较进口鱼粉低（62%～65%），原因在于其脂肪含量或灰分含量较高。黄鳝的配合饲料中使用较多的鱼粉，使用比例可达30%～40%。

2. 血粉

(1) 营养特点　血粉（图6-2）干物质中粗蛋白质含量一般在80%以上，但溶解度较低，消化率仅70%左右。血粉中氨基酸含量也很不平衡。赖氨酸居天然饲料之首，达6%～9%。色氨酸、亮氨酸、缬氨酸含量也高于其他动物性蛋白质，但缺乏异亮氨酸、蛋氨酸，总的氨基酸组成非常不平衡。血粉中蛋白质、氨基酸利用率与加工方法、干燥温度、时间的长短有很大关系，通常持续高温会使氨基酸的利用率降低，低温喷雾法生产的血粉优于蒸煮法生产的血粉。血粉中含钙、磷少，而微量元素铁含量却很高（约

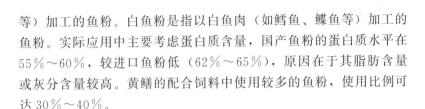

图6-2　血粉

0.2%)。为了提高血粉的消化率，常采用酶处理和膨化处理等方式。血粉酶解处理：用蛋白质消化酶对血粉进行消化处理，可显著地提高其适口性和消化率。血粉膨化处理：血粉经膨化设备在高温高压下，瞬时爆裂、膨化，形成圆柱状酥脆膨化物，再经粉碎即成。其消化率可达97.6%。

(2) 应用 血粉是由各种家禽、家畜的血液加工而成。血粉的不足之处是蛋氨酸含量低，尤其是异亮氨酸的含量更少，而异亮氨酸和亮氨酸之间又有拮抗作用，因此，在设计配方时应注意黄鳝饲料中氨基酸的互补，尽量调整氨基酸平衡。此外，血粉中的赖氨酸含量很高，这是其特色。

3. 肉骨粉

(1) 营养特点 肉骨粉(图6-3)中粗蛋白质主要还包括磷脂、无机氮(尿素、肌酸等)、角质蛋白(角、蹄、毛)、结缔组织蛋白、水解蛋白、肌肉组织蛋白，而其中角质蛋白、无机氮无利用价值，结缔组织蛋白及水解蛋白利用率也差，肌肉组织蛋白利用率最高。肉骨粉中蛋白质的氨基酸组成较差，赖氨酸、色氨酸含量较低。其中角质蛋白和结缔组织蛋白含量高的产品，所含必需氨基酸

图6-3 肉骨粉

就很低，因此，蛋白质生物价值也低。维生素中仅维生素 B_{12}、烟酸、胆碱含量较高，脂溶性的维生素 A、维生素 D 含量较低。

（2）应用　肉骨粉是屠宰场、肉类联合加工厂的副产品，它是由碎肉、骨头、血、内脏等经过一定加工工艺而成的粉末。蛋白质含量在 50%左右，氨基酸的含量比鱼粉低，但 B 族维生素和钙、磷、锰等元素含量较高。在实际应用中，不能单独使用，只能作为蛋白源和矿物质的补充。肉骨粉在配合饲料中使用量过多也会使鱼肉煮熟后产生一种刺鼻的怪味，使人无法食用。

4. 蚕蛹粉

（1）营养特点　蚕蛹粉（图 6-4）蛋白质含量可高达 50%以上，粗脂肪含量可达 22%以上。氨基酸含量可达 2.9%，其中蛋氨酸、赖氨酸、色氨酸含量高，因此可在黄鳝饲料中起到氨基酸平衡的作用，不足之处是精氨酸含量偏低。蚕蛹粉还含有丰富的 B 族维生素和未知促生长因子。

（2）应用　蚕蛹粉是黄鳝非常喜爱的饲料，但使用过多会使鳝肉产生异味，影响消费者的口感，实际使用中控制在 5%左右。

图 6-4　蚕蛹粉

二、植物性蛋白质饲料

1. 大豆

(1) 营养特点　大豆是植物性原料中蛋白质含量最高，最易消化的高能饲料源。大豆营养全面，蛋白质含量为32%～40%，生大豆中蛋白质多数为水溶性蛋白质（约90%），加热后即溶于水。氨基酸组成良好，赖氨酸、苏氨酸、亮氨酸和精氨酸等必需氨基酸含量很高，赖氨酸含量达2.22%以上，亮氨酸和精氨酸含量都在2.5%以上。大豆脂肪含量高，达17%～20%，其中不饱和脂肪酸较多，亚油酸和亚麻酸可占55%。脂肪的代谢能约比牛油高出29%，大豆油脂中存在磷脂，占1.8%～3.2%。大豆中的钙、磷、钾的含量也比较丰富，其中60%的磷为不能利用的植酸磷。铁含量较高。维生素含量略高于谷实类，B族维生素多，而维生素A、维生素D少。另外，大豆中也有一些不良生长因子，如抗胰蛋白酶、尿素酶、白细胞凝集素和植酸十二钠等。

(2) 应用　通过焙炒、膨化的大豆称为全脂大豆，可以部分取代鱼粉，是黄鳝饲料中的一种优良原料。全脂大豆中含有的亚油酸和亚麻酸，可为黄鳝提供生长所必需的大量不饱和脂肪酸。

2. 大豆粕

(1) 营养特点　大豆粕（图6-5）中蛋白质含量高，一般为40%～50%，赖氨酸含量在2.4%以上，亮氨酸含量可达3.2%，精氨酸含量为3.12%，但蛋氨酸含量为0.59%，相对不足；蛋白质可利用性好，动物对适度加热处理的大豆饼中的粗蛋白质消化率约为90%；粗纤维主要来自大豆皮，无氮浸出物主要是蔗糖、棉籽糖、水苏糖等，而淀粉少；矿物质较多，其中钾、磷等含量多，但磷多为植酸磷；微量元素铁、锌等较多；维生素含量以B族维生素含量为高，如：烟酸和泛酸含量较多，胆碱含量丰富，而胡萝卜素、核黄素和硫胺素含量少，维生素E在脂肪中残留量高和储存不久的豆粕中含量较高。大豆饼（粕）的原料大豆中含有抗胰蛋白酶凝集素和皂角苷等抗营养因子，其中以前者的影响最大。在脱

图 6-5　大豆粕

油过程中加热会使这些因子破坏，破坏的程度与加热的温度和时间有关。如加热不足则在豆粕中残存一定活性的抗营养因子，影响其营养价值。但如大豆脱油过程中加热过度亦会降低豆粕的营养价值，原因是大豆蛋白中赖氨酸的 ε-氨基与还原性糖等结合成难以利用的化合物，影响其消化吸收。豆粕的加热程度可通过其外观颜色进行判断。

（2）应用　豆粕有很高的可利用的蛋白质含量。原料来源也丰富，价格比较经济，使之成了各种饲料中最重要的植物性蛋白质原料。由于黄鳝食性的特殊性，在黄鳝配合饲料中的使用比例不宜超过 15%。

3. 棉籽饼（粕）

（1）营养特点　棉籽饼（粕）（图 6-6、图 6-7）中粗蛋白质含量一般为 30%～40%，品质较差，赖氨酸含量低（约 1.34%），而精氨酸含量高（3.7%），赖氨酸与精氨酸之比在 100∶270 以上，超出理想值 1 倍以上。蛋氨酸含量亦较低，为 0.4%左右。应用于黄鳝日粮中时应注意与蛋氨酸、赖氨酸含量高而精氨酸含量低的饲料搭配使用，或添加合成氨基酸；粗纤维含量一般在 12%左右；

图 6-6　棉籽粕

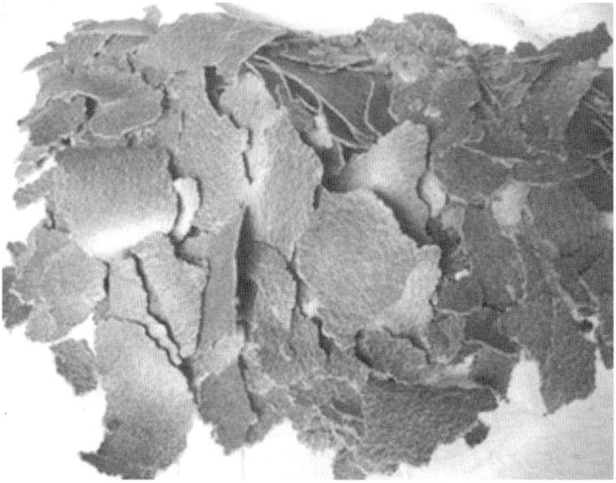

图 6-7　棉籽饼

水溶性维生素含量丰富，如硫胺素和核黄素为 4.5～7.5 毫克/千克、烟酸 39 毫克/千克、泛酸 10 毫克/千克、胆碱 2700 毫克/千克。棉籽饼（粕）中所含多糖以戊聚糖为主；棉籽饼（粕）中所含灰分中，磷较多，但多以植酸磷形式存在。

（2）应用　棉籽饼（粕）中含有一些毒素，棉酚和环丙烯脂肪酸。棉酚为一黄褐色物质，主要存在于籽实的腺体内。在脱油时一部分随油脱出，仍有一部分残留在饼（粕）内，残留于饼（粕）内的棉酚大部分呈与蛋白质、氨基酸等的结合态，少部分呈游离态，如长期、大量使用未脱毒的棉籽饼，亦会造成内脏水肿、充血等中毒现象，并出现食欲减退、生长不良等现象。根据我国2001年10月1日颁布实施的《无公害食品　渔用配合饲料安全限量》农业行业标准的规定，在温水杂食性鱼类、虾类渔用饲料中游离棉酚≤300毫克/千克。因此，在生产中应使用经脱毒处理后的棉籽饼（粕）。在黄鳝的配合饲料中的用量也要进行控制，不宜超过4%。

4. 菜籽饼（粕）

（1）营养特点　菜籽饼（粕）（图6-8、图6-9）的蛋白质含量为34%～38%，氨基酸组成中，蛋氨酸含量约为0.7%，赖氨酸含量为2%～2.5%，精氨酸含量较低，约为1.9%，是饼粕中含量最低的品种，因此，在饲料配方设计时，应考虑精氨酸和赖氨酸含量高的棉粕与其搭配，以达到氨基酸的平衡。碳水化合物大多不易被吸收，粗纤维含量为10%～12%，能量利用水平较低；维生素组成中烟酸及胆碱含量较高，分别为160毫克/千克和64000～67000毫克/千克；钙、磷的含量较高，利用率也较高，硒的含量达到1

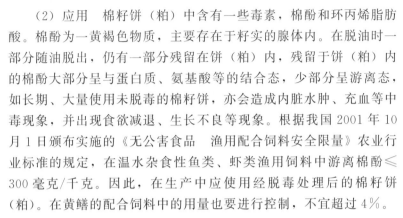

图6-8　菜籽粕

图 6-9 菜籽饼

毫克/千克，相当于豆饼（粕）的10倍，故在菜饼（粕）、鱼粉含量高时，即使不添加亚硒酸钠，也不会呈现硒缺乏症。

（2）应用 菜籽饼（粕）含有苦味，口感较差，还含有芥子酸、芥子苷和鞣酸等不良成分，都影响了饲料的品质。因为价格低、来源广，在配合饲料中的用量还是比较大的，但黄鳝的配合饲料中不能超过5%。

5. 花生饼（粕）

（1）营养特点 花生饼（粕）（图6-10、图6-11）蛋白质含量高，为44%～47%，但63%为不溶于水的球蛋白，可溶于水的白蛋白仅占7%；氨基酸组成不平衡，赖氨酸含量为1.5%～1.8%，蛋氨酸+胱氨酸含量为1.05%，色氨酸含量为0.48%，精氨酸含量为4.6%，是所有植物性饲料中最高者，赖氨酸与精氨酸之比在100∶380以上；有效能值在饼（粕）类饲料中最高，约12.26兆焦/千克；无氮浸出物中大多为淀粉、糖分和戊聚糖。残余脂肪熔点低，脂肪酸以油酸为主，不饱和脂肪酸占53%～78%。钙磷含量低，磷大多为植酸磷，铁含量略高，其他矿物质元素较少。胡萝卜素、维生素D、维生素C含量低，B族维生素较丰富，尤其烟酸含量高，约174毫克/千克。核黄素含量低，胆碱1500～2000毫克/千克。

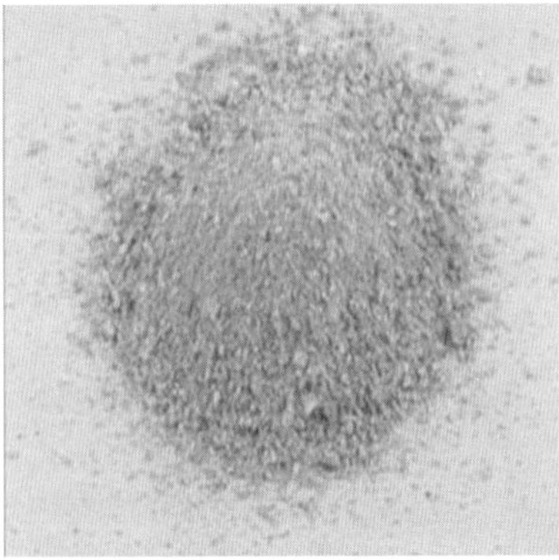

图 6-10　花生粕

图 6-11　花生饼

花生饼（粕）含有胰蛋白酶抑制因子。加工过程中若采用 120℃加热，可破坏胰蛋白酶抑制因子，提高蛋白质和氨基酸的消化吸收率，但加热过高、时间过长，则效果相反。花生饼（粕）易受黄曲霉感染，产生黄曲霉毒素 B1、黄曲霉毒素 B2、黄曲霉毒素 G1 和黄曲霉毒素 G2 等多种亚型，其中以黄曲霉毒素 B1 的毒性最强，具有强烈的致癌性。若黄鳝饲料中含黄曲霉毒素会引起肝肿大，故尤其是在高温、高湿地区使用花生饼（粕），应对原料中的黄曲霉毒素进行检测，花生饼粕中黄曲霉毒素 B1 的允许含量低于 0.01 毫克/千克。

（2）应用　花生饼（粕）是一种较好的植物性蛋白质饲料源，花生饼适口性好，营养价值高。花生饼（粕）同菜籽饼（粕）一样具有价格低廉、来源方便的优点。此外，花生饼（粕）还具有独特的香味，适口性佳，故适合在黄鳝饲料中使用。

第三节

饲料添加剂

饲料添加剂是指在饲料加工和使用时添加的少量或微量物质。

饲料添加剂的品种目录，由国务院农业行政主管部门制定并公布。一般来说，饲料添加剂可分为两大类，即营养性添加剂和非营养性添加剂。营养性添加剂主要有维生素添加剂、微量元素（矿物质）添加剂和氨基酸添加剂。非营养性添加剂有引诱剂、促长剂、饲料保存剂、酶制剂、激素、色素、黏合剂（包括助黏剂）和其他类型添加剂。

一、维生素类饲料添加剂

维生素是一组化学结构、营养作用和生理功能各不相同且分子量很小的有机化合物。维生素的主要功能是调节和控制动物新陈代谢，维持生命活动所必需的生理活性物质，一旦缺少某种维生素，就可能导致代谢紊乱、体液失衡、生长抑制，甚至死亡。按其溶解的性质可分为脂溶性维生素和水溶性维生素，脂溶性维生素包括维生素 A、维生素 D、维生素 E、维生素 K。水溶性维生素常用的有 9 种，为维生素 B_1（硫胺素）、维生素 B_2（核黄素）、泛酸（维生素 B_3）、维生素 B_6（吡哆醇）、烟酸（维生素 B_5）、叶酸（维生素 B_{11}）、生物素（维生素 H、维生素 B_7）、胆碱（维生素 B_4）、维生素 C（抗坏血酸），此外肌醇和氨基苯甲酸等也属于水溶性维生素。

常用的一些饲料中均含有不同种类与数量的维生素。在植物性饲料中通常含有维生素 A 与维生素 D 的前体 β-胡萝卜素和麦角甾醇，后者经紫外线照射后可转变为维生素 D。谷实类、糠麸类及饼粕类饲料均含有一定量的 B 族维生素，但均不含有维生素 B_{12}。维生素 E 在谷实类和糠麸类饲料含量较高，维生素 K 则在谷实类和饼粕类饲料中含量较少。动物性蛋白质饲料鱼粉中含有丰富的 B 族维生素，尤其是维生素 B_{12}，脂溶性维生素含量也较多。由于饲料中维生素含量不多，且变化较大，在储存过程中损失较多，鱼类日粮中需添加维生素添加剂以满足其生产需要。

1. 水溶性维生素

在黄鳝饲料中常添加的水溶性维生素有维生素 B_1、维生素 B_2、维生素 B_6、泛酸、烟酸、叶酸、生物素及维生素 B_{12}，添加量较少，肌醇、胆碱和维生素C等则添加量较多。

(1) 维生素B_1（硫胺素） 一种抗神经炎物质，常用的商品维生素B_1有2种。一种是盐酸硫胺，另一种是硝酸硫胺，均为白色结晶状粉末（硝酸硫胺略带黄色），有效成分均为98%，都可在饲料工业中选用。饲料中的维生素B_1在养殖场使用时，常常会同新鲜小杂鱼、贝类搭配，制成面团状或湿颗粒饲料投喂。如此长期使用，则饲料中的维生素B_1会被新鲜鱼、贝中含有的大量维生素B_1酶所破坏，应引起养殖户充分注意。可将新鲜杂魚煮熟后，使酶破坏再投喂，或在饲料中添加稳定型维生素B_1或蒜硫胺素。小麦粉、米糠、葵仁饼（粕）、酵母粉、酒糟和蚕蛹等饲料原料中含有丰富的维生素B_1。

(2) 维生素B_2（核黄素） 工业生产有发酵法和合成法两种工艺，维生素B_2为橘黄色针状或粉状物，具有特殊的气味和苦味，这两种产品的生物学效价相同。维生素B_2在酸性或中性溶液中，其热稳定性都很好，但对光和紫外线很敏感。在碱性条件下，它遇热和光时稳定性降低。维生素B_2在生物体内以黄素单核苷酸和黄素腺嘌呤二核苷酸的辅酶形式存在，参与氧化还原反应。目前国内销售的维生素B_2的有效成分含量和规格较多，主要有96%、55%的等。玉米酒糟、肝末粉、酵母粉、奶粉、鱼粉、蚕蛹粉、血粉、小麦、小麦胚芽、花生饼（粕）、米糠和豆饼（粕）等饲料原料中含有丰富的维生素B_2。

(3) 维生素B_6（吡哆醇） 维生素B_6为白色或近似白色的结晶状粉末。在体内以3种活性结构存在，即吡哆醇、吡哆醛和吡哆胺，总称为维生素B_6。它们之间可互相转换，性质较稳定。维生素B_6对蛋白质代谢的关系较为密切，是氨基酸转氨基酶的辅酶，与氨基酸的合成和分解有关。目前国内销售的多为盐酸吡哆醇，是一种白色粉剂，热稳定性好。但随着pH值的变化，热稳定性也有所变化。pH值3～3.5时其热稳定性最大；在pH值6以上时，它对热就非常敏感。该产品对光的稳定性较差，在碱性或中性溶液中，遇光或紫外光，其活性就会迅速降低。小麦胚芽、肝末粉、乌贼内脏粉等饲料原料中含有丰富的维生素 B_6。

(4) 维生素 B_3(泛酸) 泛酸是一种不稳定的、吸湿性极强的黏稠油质物。在配合饲料中直接使用存在一定困难，在市场上供应的商品一般是泛酸钙。泛酸钙是白色粉末，有 D-泛酸钙和 DL-泛酸钙两种。其中 D-泛酸钙具有活性，如果 D-泛酸钙的活性为100%，DL-泛酸钙的活性仅为 50%。泛酸钙在光与空气中是稳定的，溶液 pH 值在 5～7 最稳定。D-泛酸钙产品的有效成分含量为98%，DL-泛酸钙产品的有效成分多为 90%。因 DL-泛酸钙具有较强的吸湿性，故在使用时要严格防潮密封。若使用稀释产品，就要适当加些氯化钙，以形成流动性好的抗结块产品；为了防止在酸性条件下失效，可加适量碳酸钠。泛酸是辅酶 A 的一部分，是黄鳝正常生理和代谢的必需维生素。花生仁饼(粕)、菜籽粕、小麦胚芽粕、酒精糟、肝末粉和酵母粉等饲料原料中含有丰富的维生素 B_3。

(5) 维生素 B_5(烟酸、尼克酸) 市场上供应的烟酸和烟酸酰胺两种产品，其纯度较高，活性成分含量为 98.5%～99.5%，白色无味结晶粉末，在维生素活性方面可互换。在干料中烟酸与烟酰胺都很稳定，烟酰胺有轻微的吸湿性；在溶液中两者对热、光、酸、碱都稳定。在 B 族维生素中，它是最稳定的。这种产品在干混合料中常要以 5%～10%的超量加入，可在室温下保存 1 年。若在潮湿或湿度高的产品中，10%～20%的超量方可补偿加工与储存中的损失。

烟酸和烟酸酰胺作为生物体内氧化还原酶的辅酶，与脂肪、糖类和蛋白质代谢有关，在配合饲料中必须添加足量的烟酸。花生仁饼(粕)、菜籽饼(粕)、向日葵仁饼(粕)、酒精糟、玉米酒糟和肝末粉等饲料原料中含有丰富的维生素 B_5。

(6) 维生素 B_{11}(叶酸) 市售的维生素 B_{11} 产品有效成分为98%，为黄色或橘黄色的结晶粉末。维生素 B_{11} 具有黏性，对光敏感，在干燥的粉料中性质较稳定，当 pH 值在 5 以下时其稳定性就会降低。预混料加工过程中，叶酸与微量矿物质元素、氯化胆碱接触，也会不稳定。正常血细胞的形成必须需要叶酸，起辅酶作用；在核酸DNA和RNA的碱基合成中也必须需要叶酸。

肝末粉、乌贼内脏粉、血粉、酵母、小麦胚芽粕、麦麸、棉仁粕、玉米、花生仁饼（粕）和豆饼（粕）等饲料原料含有丰富的维生素B_{11}。

（7）维生素B_7（生物素） 纯品一般含D-生物素98%以上，是一种近白色结晶性粉末，对热、光、酸较稳定，一般受热不易分解，但高温时稳定性受到影响。在冷水中溶解度低，随水温升高其溶解度增加。生物素在一些代谢反应中作为羧化或脱羧反应的二氧化碳的中间载体，乙酰辅酶A羧化酶、丙酮酸羧化酶、丙酰辅酶A羧化酶都是需要生物素的酶系。生物素的饲用商品制剂一般为含D-生物素1%或2%的预混料。其产品有两种形式，即载体吸附型生物素和与一定载体（如糊精）混合后经喷雾干燥制得的喷雾干燥型生物素制剂。喷雾干燥型粒度较前者小，其水溶性和吸湿性因载体不同而不同。两种产品在干燥密闭条件下都较稳定。酵母、肝末粉、小麦和米糠等饲料原料含有丰富的维生素B_7。

（8）维生素B_{12}（钴胺素） 维生素B_{12}是唯一含有金属元素的维生素。它是抗恶性贫血因子的维生素，与叶酸一样具有正常维持血液的作用。目前工业生产多采用发酵法，产品为红色无味结晶粉末，在pH值3～5的水溶液中稳定性好，但在pH值2以下和7以上时失效较快。在配合饲料生产时，若饲料中添加氯化胆碱或还原剂，其稳定性也受到影响。故在饲料生产时，大多采取10%～15%的超量加入。血粉、鱼粉、脱脂奶粉、蚕蛹粉和酵母等饲料原料中含有丰富的维生素B_{12}。

（9）肌醇（环己六醇） 水产用的化学合成肌醇，其产品为含肌醇97%以上的白色结晶或结晶性粉末，无臭，具有甜味，易溶于水。肌醇很稳定，在饲料中不易被破坏。肌醇是很多细胞都具有的肌醇磷酸甘油酯的成分，肌醇还具有防止脂肪肝的效果。建议黄鳝饲料中添加肌醇。米糠、小麦胚芽、肝末粉和酵母等饲料原料中含有丰富的肌醇。

（10）胆碱　胆碱为无色黏稠性液体。用作饲料添加剂的是胆碱的衍生物——氯化胆碱，其纯品是一种易潮解的结晶，这种结晶易溶于水和乙醇，水溶液呈中性。氯化胆碱有固体和液体两种，水剂是无色透明液体，带有鱼腥味，含量为70%，pH值为7。粉剂为固体粉末，含量为50%，有鱼腥味。市场上供应的是固体氯化胆碱。根据其载体不同也有2种：一种以玉米芯为载体，另一种以二氧化硅为载体。水产动物饲料中使用的氯化胆碱以后一种为佳。胆碱的生理功能为抗脂肪肝，与脂肪代谢有关。鱼粉、酵母、玉米酒糟、菜籽饼（粕）和棉仁饼（粕）等饲料原料含有丰富的胆碱。

（11）维生素C（抗坏血酸）　维生素C为白色结晶状粉末，具酸味。维生素C是一种不稳定的维生素，易被破坏。现有许多稳定型维生素C新产品，这些新产品的共同特点是在不影响维生素C效力的条件下，改变其化学结构，从分子水平上保护维生素C，从而使维生素C的稳定性大大增强。目前，市售稳定型维生素C新产品主要有：抗坏血酸-2-聚磷酸盐、抗坏血酸单磷酸盐［抗坏血酸单磷酸镁（AMP-Mg）、抗坏血酸单磷酸钠（AMP-Na）和抗坏血酸单磷酸钙（AMP-Ca）］、抗坏血酸硫酸盐（抗坏血酸硫酸钾和抗坏血酸硫酸镁）和乙基纤维包被维生素C在机体内的生理功能很多，参与机体内各种重要反应，如有助于水产动物骨中细胞间质的生成，增加鱼类对疾病感染的抵抗力，提高鱼的受精率及孵化率，促进鱼类生长，减少死亡率。鱼粉、肉粉、脱脂奶粉和甜菜渣等含有丰富的维生素C。

2. 脂溶性维生素

脂溶性维生素有维生素A、维生素D、维生素E和维生素K 4种。脂溶性维生素具有不同的生理活性，蓄积作用不同于水溶性维生素，当超越肝脏或组织蓄积能力而摄取时，水溶性维生素可以急剧代谢、强行排泄，因而不易引起过剩症。但脂溶性维生素却不能多投，一旦大量摄取会因代谢趋缓而引起维生素过剩症。

（1）维生素A　是维生素A_1和维生素A_2的统称。维生素A_1又称视黄醇，维生素A_2又称脱氢视黄醇。维生素A在自然界中主要以脂肪酸酯的形式存在，常见的有维生素A乙酸酯和维生素A棕榈酸酯，前者是鲜黄色结晶粉末，后者为黄色油状或结晶状固体。维生素A醇稳定性较差，饲料工业选用较少。维生素A棕榈酸酯稳定性好，作为饲料添加剂应用较普遍。也有使用维生素A醋酸酯的。维生素A极易被氧化失效，为了提高其稳定性，常用的方法是加抗氧化剂或外加包被层制成微粒。有的将维生素A棕榈酸酯在水中加入抗氧化剂、乳化剂、淀粉、明胶，经乳化后喷雾干燥，在喷雾干燥中另加超量淀粉包被。用该法制作的产品抗氧化性、耐磨性好，机械强度大，混合均匀度高，不易自动分级，因而较广泛地被应用。除维生素A的形式外，植物中如玉米、干草粉所含的胡萝卜素在动物体内可转化成维生素A，故称为维生素A的前体或维生素A原。重要的维生素A原有α-胡萝卜素、β-胡萝卜素、γ-胡萝卜素和隐黄质。其中β-胡萝卜素活性最高，为棕色至深紫色结晶粉末。维生素A是维持上皮细胞必需的物质，一旦缺乏则会使上皮坏死和形成层状角质化组织。维生素A的存在还可促进新细胞成长，有利于维持抗感染性。乌贼内脏粉、肝末粉、鱼肝油、玉米、玉米蛋白粉等饲料原料中含有丰富的维生素A（原）。

（2）维生素D　具有维生素D活性的主要化合物为维生素D_2（称麦角骨化醇或麦角固醇）、维生素D_3（称胆骨化醇），两者均为无色针状结晶或白色结晶性粉末，维生素D_3是皮肤中的7-脱羟胆骨化醇在受到紫外线照射时形成的。若用于抗佝偻病，维生素D_3的效力比维生素D_2大30～100倍。维生素D的性质较稳定，但若与碳酸钙、氧化物直接接触，则会引起较快失效。维生素D也易受热影响。一般用于饲料工业的产品，应以明胶和淀粉等辅料经喷雾法制成微粒为好。该产品最好是随加工随用。若储存时间长，则会较快失效。若空气相对湿度大于70%、气温高于20℃，该产品储存期达一年之久，则为了补偿其有效成分的损失，一般须超量20%～25%向饲粮中添加。鱼油、脱脂奶粉、甜菜叶等饲料原料含有丰富的维生素D。

（3）维生素E（生育酚）　为淡黄色黏稠性油状液，它是一组有生物活性的、化学结构相类似的酚类化合物的总称。主要包括α-生育酚、β-生育酚和γ-生育酚等，其中α-生育酚分布最广、效价最高，最具代表性。维生素E具有细胞外和细胞内的抗氧化剂的作用，防止易氧化的不饱和脂肪酸被氧化变成过氧化物，消除有害的活性氧。维生素E醋酸酯的稳定性优于维生素E醇。50%剂型的维生素E醋酸酯有较好的稳定性，在加工处理中损失较少。维生素E本身虽然也是一种抗氧化剂，但它是以本身的氧化去延缓其他化合物的氧化。因此，在加工维生素E制剂过程中须加抗氧化剂作为稳定剂。在加工预混料时也要超量15%～25%添加。小麦胚芽、米糠、脱脂米糠、啤酒糟、酒糟、玉米、玉米蛋白粉及各种植物油等饲料原料含有丰富的维生素E。

（4）维生素K　是一类甲萘醌衍生物的总称。维生素K有天然的维生素K_1，微生物合成的维生素K_2、化学合成的维生素K_3和维生素K_4。其中维生素K_1、维生素K_2为脂溶性化合物，维生素K_3、维生素K_4为水溶性化合物。饲料工业大都选用效价高、稳定性好的维生素K_3制品。维生素K_3为黄色粉末状，活性成分为甲萘醌，有四种剂型：一是以亚硫酸钠为稳定剂，有效成分含量为94%，稳定性较差；二是加超量的亚硫酸钠，有效成分为50%或25%，稳定性较好；三是加亚硫酸钠，同时用明胶包被，有效成分为50%；四是加二甲基嘧啶，有效成分为50%，稳定性最好，应用较广。维生素K的作用在于可以迅速维持正常血液凝固速度，还可预防鱼类的细菌感染，因此饲料中应考虑到维生素K的添加。鱼粉、肝末粉、优质草粉和苜蓿粉等饲料原料中含有丰富的维生素K。

二、矿物质元素类饲料添加剂

黄鳝在维持生命活动和生长过程中，需要多种矿物质元素，饲料中的矿物质元素常常不能满足其快速生长的营养需求，须向饲料中补充富含矿物质元素的饲料。黄鳝所需无机盐与一般鱼类一样，可分为常量元素和微量元素两类。常量元素包括钙、磷、氯、钠、钾、镁；微量元素包括铜、铁、锰、锌、碘、钴、硒、铬和铝。

1. 常量矿物质

（1）含钠、氯的饲料　食盐（氯化钠）可为黄鳝提供必需的钠、氯矿物质元素。此外，食盐还能刺激动物食欲和改善饲料适口性。精制食盐含氯化钠 99%以上，其中含氯约 60%、含钠约 39%，另含钙、镁、硫等杂质。粗盐含氯化钠 95%。在使用食盐时，宜注意其品质，如是否含有杂质、沙子与其他污染物。饲用食盐的粒度应全部通过 30 目筛，其含水率不宜超过 0.5%，氯化钠的纯度应在 95%以上。

（2）含钙的饲料　含钙的饲料主要包括石粉、贝壳粉和蛋壳粉等。

① 石粉。主要是指石灰石粉，为天然的碳酸钙，一般含碳酸钙 90%以上。其中，钙与碳酸钙（$CaCO_3$）之比为 1∶2.5，石粉中含纯钙 35%以上，是补充钙的最便宜、最方便的矿物质原料。将石灰石煅烧成氧化钙，加水制成氢氧化钙，再经二氧化碳作用生成碳酸钙，称为轻质碳酸钙。

② 贝壳粉。贝壳粉包括蚌壳粉、牡蛎壳粉、蛤蜊壳粉、螺蛳壳粉等。鲜贝壳须加热消毒、粉碎，以免传播疾病。贝壳粉主要成分为碳酸钙，一般含钙 30%以上，是良好的钙源。品质好的贝壳粉杂质少，含钙高，呈白色粉状或片状，但市场上少数贝壳粉常掺有沙石、泥土等杂质。

③ 蛋壳粉。冷冻蛋厂、蛋粉厂、蛋制品厂和孵化厂在生产过程中废弃的大量蛋壳，是制成蛋壳粉的原料。蛋壳约占总蛋重的 10%，95%的蛋壳成分为碳酸钙，另外约有 4%是磷酸钙和含镁的有机质。蛋壳经灭菌粉碎，可用作动物的钙源性矿物质饲料。

（3）含磷的饲料　这类饲料多属磷酸盐类，如磷酸氢钙、磷酸钙、磷酸一钙、骨粉等。我国的磷源饲料主要是骨粉和磷酸氢钙。

（4）其他常量元素饲料　其他常量元素饲料包括含镁饲料、含钾饲料和含硫饲料。含镁饲料主要有白云石、碳酸镁（$MgCO_3$）、氧化镁（MgO）、硫酸镁（$MgSO_4$）和氢氧化镁［$Mg(OH)_2$］。含钾饲料主要有氯化钾（KCl）、碳酸氢钾（$KHCO_3$）、碳酸钾（K_2CO_3）、碘酸钾（KIO_3）、碘化钾（KI）和硫酸钾（K_2SO_4）等。含硫饲料主要有硫酸铵［$(NH_4)_2SO_4$］、硫酸钙（$CaSO_4$）、硫酸钾（K_2SO_4）、硫酸钠（Na_2SO_4）和硫酸锌（$ZnSO_4$）等。

2. 微量矿物质

（1）铁添加剂　含铁化合物种类很多，比如有硫酸亚铁、硫酸铁、碳酸铁、氧化铁、磷酸铁、氯化铁、磷酸亚铁、柠檬酸铁、焦磷酸铁和葡萄糖酸铁等，但不同化合物的生物效价差异很大。其中，硫酸亚铁的生物学效价较高，故在生产上多选用硫酸亚铁。硫酸亚铁有两种规格：一种是含有七个结晶水的硫酸亚铁，含铁20.8%，该产品易吸潮、结块，使用不便，加工前必须进行干燥处理，在生产上选用较少。另一种是含有一个结晶水的硫酸亚铁，为灰白色粉末，由7水硫酸亚铁加热脱水可得，含铁31%，因其不易吸潮起变化，加工性能好，与其他成分的配伍性好，使用较为广泛。有机铁也能很好地被动物利用，且毒性低，加工性能优于硫酸亚铁，但价格昂贵。氧化铁几乎不能被动物吸收利用，但在某些预混合饲料、盐砖或宠物饲料产品中用作饲料的着色剂。

（2）铜添加剂　含铜化合物主要有碳酸铜、氯化铜、氧化铜、硫酸铜、磷酸铜、焦磷酸铜、氢氧化铜、碘化亚铜、葡萄糖酸铜、酵母铜等。最常用的为硫酸铜，其次是氧化铜和碳酸铜。我国市场上硫酸铜来源广泛，价格低，是最常用的铜补充物。硫酸铜不仅生物学效价高，且还有类似抗生素的作用，其使用效果较好，使用较广泛。饲料用硫酸铜有含5个结晶水与含1个结晶水两种，其细度要求为：95%通过200目筛。5水硫酸铜为蓝色、无味的结晶或结晶性粉末，易吸湿返潮、结块，对饲料中的有些营养物质有破坏作用，不易加工，加工前应进行脱水处理。1水硫酸铜为青白色、无味粉末，使用方便。氧化铜为黑色结晶，在有些国家和地区，因其价格较硫酸铜便宜，且对饲料中其他营养成分破坏性较小，加工方便而较其他化合物使用普遍。氧化铜不易被畜禽吸收利用，但拌入饲料后不会破坏配伍的维生素及其他养分。氧化铜的细度要求为通过 200 目筛，最低含铜 75%。碱式碳酸铜为青绿色，无定形粉末或暗褐色的结晶，在饲料中使用较为方便，但其生物利用度不及硫酸铜，所以使用也不及硫酸铜广泛。

（3）锰添加剂　含锰化合物有硫酸锰、碳酸锰、氧化锰等。硫酸锰，含锰 32.5%，饲料市场上多为 1 个结晶水的硫酸锰，为淡红色粉末。此外，还有含 2～7 个结晶水的硫酸锰，都能很好地被动物利用。硫酸锰产品随结晶水的减少其利用率稍有降低；但含结晶水越多，越易吸潮、结块，加工不便，且影响饲料中其他成分（如维生素）的稳定性，故 1 个结晶水的硫酸锰应用广泛。碳酸锰，含锰 47.8%，为白色至淡褐色无定形、无臭粉末，含结晶水越低，色越淡。市场上多为 1 个结晶水的碳酸锰。碳酸锰的生物学效价略低于硫酸锰。氧化锰，主要是一氧化锰，含锰 77.4%，由于烘焙温度不同，可生产不同含锰量的产品。氧化锰产品因含锰不同，分别为棕色、绿棕色和绿色粉末。氧化锰化学性质稳定，有效成分含量高，相对价格低，许多国家逐渐以氧化锰代替硫酸锰。天然锰矿中的氧化锰、碳酸锰等因含有较多杂质和其特殊的物理化学结构，生物学效果欠佳。美国王子公司生产的氧化锰，就有含锰为 55%、60%、62%的三个规格品种。为了便于饲料企业生产选用，他们采取不同的烘焙温度以控制氯化锰的颜色。含锰 55%的产品呈棕色，含锰 60%的呈绿棕色，含锰 62%的为绿色。饲料用氧化锰的细度要求为 98%通过 100 目筛。

（4）硒添加剂　含硒化合物有硒酸钠或亚硒酸钠，它们的效价分别为 89%和 100%。有机硒（如蛋氨酸硒）效果更好，但尚未广泛应用于饲料中。硒化合物用量多限制在饲粮的 0.1～0.3 毫克/千克，须以硒的预混合料的形式添加。事先制成不高于 0.02%的稀释剂，然后才允许加入预混合饲料中，否则不易混合均匀。硒的添加物为剧毒物质，需加强管理，储存于阴冷通风处，空气中含硒量不能超过 0.1 毫克/米^3。由于动物硒的需要量和中毒量相差不大，生产和使用时应特别小心，不得添加超量。

（5）锌添加剂　含锌化合物有硫酸锌、碳酸锌和氧化锌。硫酸锌含锌量36%，市场上的硫酸锌有两种产品，即7水硫酸锌和1水硫酸锌。7水硫酸锌为无色结晶或白色无味的结晶性粉末，加热、脱水即制成白色、无味、粉末状的1水硫酸锌。7水硫酸锌易吸湿结块，影响饲料加工及产品质量，加工时需脱水处理，而1水硫酸锌因加工过程无需特殊处理，使用方便，更受欢迎。氧化锌，含锌量80.3%，为白色粉末，它不仅有与硫酸锌相近的效果，而且有效成分的比例高（含锌70.0%～80.3%），成本低，稳定性好，储存时间长，不结块、不变性，在预混料和配合饲料中对其他活性物质无影响，具有良好的加工特性。碳酸锌，由锌盐溶液与碳酸氢钠发生作用所制得，为白色、无臭的粉末，市场上多为碱式碳酸锌，含锌量55%～60%。碳酸锌无吸湿性，配伍性、加工特性好。

（6）碘添加剂　含碘化合物有碘化钾、碘化钠、碘酸钠、碘酸钾、碘酸钙等，其中，碘酸钙、碘酸钾较稳定，其生物学效价与碘化钾相似。碘酸钙为白色结晶或结晶性粉末，无味或略带碘味，其产品有无结晶水、1个结晶水和6个结晶水化合物。用作饲料添加剂的多为含1个结晶水的产品，其含碘量为62%～64.2%，基本不吸水，在水中溶解度较低，也较稳定，生物学效价和碘化钾近似，且价格低廉。美国的微量元素预混料中碘酸钙应用最为广泛。碘化钾为无色或白色结晶或结晶性粉末，碘化钠为无色结晶或结晶性粉末，两者皆无臭或略带碘味，具有苦味及碱味，利用效率高，但其碘不稳定，而且释放出的游离碘对维生素及某些药物有破坏作用。通常添加枸橼酸铁及硬脂酸钙（一般添加10%）作为保护剂，使之稳定。目前，我国碘化钾市场价明显高于碘酸钙，因此，饲料生产中当以碘酸钙作为饲料添加剂。

（7）钴添加剂　含钴化合物有醋酸钴、碳酸钴、氯化钴、硫酸钴和氧化钴等。我国饲料中主要使用氯化钴，另外碳酸钴和硫酸钴也可作为钴元素补充物。氯化钴一般为粉红色或紫红色结晶或结晶性粉末，含6个结晶水。此产品在40～50℃下逐渐失去水分，140℃时不含结晶水变为青色。硫酸钴有7个结晶水和1个结晶水化合物，其中，含有7个结晶水的硫酸钴为具有光泽、无臭、有暗红色透明结晶或桃红色沙状结晶，由于易吸湿返潮结块，影响加工产品质量，故应用时需脱水处理。含1个结晶水的硫酸钴为青色粉末，溶于水，但不吸湿、吸水性不超过3%，使用方便，逐渐取代7个结晶水的硫酸钴。碳酸钴，为血青色粉末，不溶于水，能被动物很好地利用。由于碳酸钴不易吸湿、稳定，与其他微量活性成分配伍性好，具有良好的加工特性，耐长期储存，故应用也较广泛。

（8）铬添加剂　含铬化合物一般有两类：一类是无机铬，如六水三氯化铬易溶于水，稀溶液呈紫色，浓溶液为绿色；另一类是有机铬，主要有酵母铬、蛋氨酸铬螯合物、吡啶羧酸铬螯合物、烟酸铬螯合物等，它们的生物利用度比无机铬高，而毒性比其低。

三、氨基酸类饲料添加剂

氨基酸是构成蛋白质的基本单位。蛋白质营养实质是氨基酸营养。氨基酸营养的核心是氨基酸平衡。黄鳝为杂食性水产动物，其配合饲料以植物性饼、粕和谷实类为主，这些原料中所含的赖氨酸和蛋氨酸数量较少，难以满足其生长需要。为了补充这类限制性氨基酸，使饲料中的氨基酸能达到相对平衡，常在饲料中加入游离氨基酸。这类产品有赖氨酸、蛋氨酸及羟基类似物和色氨酸。

1. 赖氨酸

DL-赖氨酸呈碱性，pH值9.59，不易保存，如果加盐酸中和，就可大大提高其稳定性。动物只能利用L-赖氨酸，故主要为L-赖氨酸产品，DL-赖氨酸产品应标明L-赖氨酸含量保证值。一般质量较好的赖氨酸产品，其有效成分多为98%。目前用作赖氨酸添加剂的产品主要有L-赖氨酸盐酸盐和L-赖氨酸硫酸盐。

（1）L-赖氨酸盐酸盐　饲料级原料一般为含L-赖氨酸盐酸盐98.5%以上的产品，相当于含赖氨酸78.8%以上，为白色至淡黄色颗粒状粉末，稍有异味，易溶于水。主要是以玉米淀粉乳或糖蜜为原料发酵生产的产品。我国目前市场上有相当于65%L-赖氨酸盐酸盐和60%L-赖氨酸盐酸盐两种规格的产品。

(2) L-赖氨酸硫酸盐　目前市场上的L-赖氨酸硫酸盐是以玉米淀粉乳为原料发酵，将培养液中的菌体用硫酸处理并加热，然后干燥制成的产品。L-赖氨酸硫酸盐为一种高密度、无尘的流动性淡黄色至褐色颗粒，具有良好的加工处理性能。

2. 蛋氨酸

不论是左旋（L）还是右旋（D）蛋氨酸，都能被动物利用，其营养价值也都一样。蛋氨酸可以和金属元素形成络合物，这种化合物的研制主要针对微量元素添加剂，在饲料中添加量小，在饲料中准确添加并混合均匀比较困难，而且无机元素毒性较大，某些无机化合物易吸收结块，影响加工性能和其他活性成分的稳定性。蛋氨酸金属元素络合物克服了这些不足，并可提高添加效果和安全性。但因价格问题市场占有率不高。蛋氨酸络合物有蛋氨酸锌、蛋氨酸硒、蛋氨酸铜等。

另外，蛋氨酸羟基类似物（MHA）在动物体内的营养作用与蛋氨酸相似。1979年，孟山都公司首次研制出了液态的MHA。MHA有羟基类似物钙盐（MHACa）、钠盐（MHANa）、游离酸（MHAFA）等。目前，市场上销售的多是固体的DL-蛋氨酸和MHA。

3. 色氨酸

与赖氨酸、蛋氨酸相比，色氨酸的生产与饲用历史较短。色氨酸属于特异性结构的氨基酸，其生产方法主要有发酵法、天然蛋白质水解法和化学合成法等。饲料级色氨酸主要是化学合成的DL-色氨酸和发酵法生产的L-色氨酸。皆为白色至微黄色结晶性粉末，无臭或略有特异性气味。难溶于水。此外，还有精氨酸和苏氨酸也可在黄鳝配合饲料中添加，以提高饲料蛋白质的生物利用率。

四、饲料黏合剂

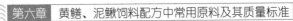

黏合剂又称赋形剂，水产饲料对于黏合剂的要求较高，应能提高含多种原料成分的饲料的黏结性，减少饲料崩解及营养成分溶散

造成的饲料浪费和水质污染，从而提高饲料效率。

除具有较强的黏结性外，黏结剂还应具有成本低、来源广、添加量少等特点。水产配合饲料的黏结剂大致分为两大类，一类为天然物质；另一类为化学合成物质。天然黏结剂归纳起来亦可再细分为以下两类：第一类是淀粉类物质，如 α-淀粉、麦粉、玉米淀粉、面筋等；第二类为胶质，如动物胶、明胶、海藻胶及树胶等。化学合成的黏结剂主要有聚丙烯酸钠、羟甲基纤维素、磺化木质素、丙二醇、尿素甲醛等。当原料粉碎黏度达到 30～40 目，经过制粒过程中的高温、高压处理，可使原料中的淀粉熟化，起到黏结剂的效果，在此情况下可不用再添加黏结剂。

1. α-淀粉

α-淀粉即是熟淀粉，其相对应的淀粉即为生淀粉，也称 β-淀粉。α-淀粉具有黏性，如保管不当，则会失去黏性，变成 β-淀粉。α-淀粉与鱼粉配合时，由于各种鱼粉的性质不同，故对 α-淀粉的要求也不同。特别是鱼粉中的不饱和脂肪酸的含量对 α-淀粉黏弹性影响很大。在生产管理中可采用专用仪器，并对照淀粉图谱或混合料图谱检测 α-淀粉的黏弹性。在生产实践中，通常把 α-木薯或 α-马铃薯淀粉和鱼粉匹配，均以 1∶4 充分混合，然后添加一定量的水，揉成团状，再采用感官检定法加以检测。

2. 聚羟甲基脲

聚羟甲基脲是以甲基和尿素为原料，在催化剂的作用下，经反应后，采用喷雾干燥法制得的白色干燥粉末。聚羟甲基脲作为黏合剂的特点是黏合效果好，流动性又好，所以使用时极为方便，只要将其直接加入饲料中混合均匀即可造粒。在饲料中的添加量视饲料的品种而不同，一般达 0.2%～0.6%时，就会显示出较佳的黏结效果。该黏合剂黏结能力最佳的时间为制成饲料颗粒后 24～48 小时。

五、饲料抗氧化剂和防腐剂

黄鳝饲料在存储、运输和养殖过程中常受到各种自然条件及人为环境因素的影响，为了减少饲料的氧化变质，主要是抗氧化剂和防腐剂。

1. 抗氧化剂

抗氧化剂是防止渔用饲料和原料氧化的一类物质的总称。黄鳝饲料中动物性原料（如鱼粉、肝末粉、肉骨粉等）总量较高，这些物质中所含的脂肪较易氧化酸败。酸败的油脂，会导致饲料适口性下降，毒性更强。若喂养黄鳝，则会造成中毒，严重时还会发生死亡。目前使用最多的抗氧化剂有乙氧喹、二丁基羟基甲苯和丁基羟基茴香醚。

（1）乙氧喹（EMQ） 又称乙氧基喹，商品名为山道喹。为黄色或黄褐色黏稠液体。不溶于水，易溶于丙酮、乙醚、异丙醇、三氯甲烷及正丁烷等有机溶剂，遇空气或光，颜色逐渐变深，呈暗褐色，黏度增加，有特殊的臭味。乙氧喹是目前应用最广泛的一种人工合成抗氧化剂，被国内外认为是首选的饲料抗氧化剂，对脂溶性维生素有保护作用。乙氧喹在鱼粉、脂肪类饲料中添加量一般为0.05%～0.1%；在维生素D、维生素A等饲料中添加量为0.1%～0.2%；全价配合饲料中添加量为50～150毫克/千克；苜蓿干粉添加200毫克/千克。美国FAD规定配合饲料中乙氧喹的最高浓度为150毫克/千克。

（2）二丁基羟基甲苯（BHT） 本品为白色微黄、块状或粉状晶体，无臭无味，不溶于水和甘油，易溶于酒精、油脂及有机溶剂中。饲料中的添加量为60～120毫克/千克。二丁基羟基甲苯抗氧化作用强，耐热性能好。它与丁二基羟基茴香醚或有机酸（常用柠檬酸）合并使用具有很好的协同效果。美国FAD规定，二丁基羟基甲苯用量不得超过饲料中脂肪含量的0.2%。国家标准中规定配合饲料中的用量为150毫克/千克。

（3）丁基羟基茴香醚（BHA） 本品常温下为白色或微黄色蜡样结晶性粉末，带有特殊的酚类臭气或刺激味，不溶于水，易溶于油脂及有机溶剂。丁基羟基茴香醚是油脂的抗氧化剂。除了抗氧化作用外，还有较强的抗菌力。0.025%丁基羟基茴香醚可抑制黄曲霉生长；0.02%丁基羟基茴香醚可完全抑制食品及饲料中如毒霉、黑曲霉等的孢子生长。丁基羟基茴香醚与柠檬酸、抗坏血酸等合用有较好的协同效应，以适量乙醇和丙二醇作溶剂能提高丁基羟基茴香醚的抗氧化能力。丁基羟基茴香醚在饲料中添加量一般为125～150毫克/千克。在鱼粉及油脂中添加量为100～1000毫克/千克。

除上述3种化学合成的抗氧化剂外，还有一些天然的抗氧化剂，如维生素E、抗坏血酸酯、愈疮树脂、没食子酸十二烷基酯、没食子酸异戊酯、卵磷脂、柠檬酸、谷氨酸、谷氨酸钠等也具有良好的抗氧化作用。

2. 防腐剂

防腐剂又称防霉剂，可防止水分含量高的饲料或原料在高温、高湿条件下发生霉变。防腐剂主要是以未电离的形式破坏微生物细胞及细胞膜或细胞内的酶，使酶蛋白失活而不能参与催化，从而抑制微生物和霉菌的代谢和生长，同时，也抑制了毒素的产生，避免了储存期内饲料中营养成分的损失。应用在黄鳝饲料中的防腐剂主要是丙酸、丙酸钠、丙酸钙，在饲料中的添加量分别为0.3%、0.2%～0.4%、0.2%～0.4%。此外，其他防腐剂还有山梨酸类、苯甲酸类、柠檬酸类及富马酸类等，进口类商品有露保细盐等。

第四节

饲料原料的质量标准

本节仅对水生动物配合饲料原料中常用的蛋白质饲料、能量饲料、矿物质饲料的质量标准加以介绍。

一、蛋白质饲料的质量标准

1. 大豆粕

根据 GB/T 19541—2004 的规定，饲料用大豆粕是指以大豆为原料，以浸提法，或者先去皮再用浸提法取油后生产得到的产品，呈浅黄褐色或浅黄色不规则的碎片状或粗粉状，色泽一致，无发酵、霉变、结块、虫蛀及异味异臭。技术指标及质量分级标准见表 6-1。

表 6-1 饲料用大豆粕技术指标及质量分级标准

项目	带皮大豆粕		去皮大豆粕	
	一级	二级	一级	二级
水分/%	≤12.0	≤13.0	≤12.0	≤13.0
粗蛋白质/%	≥44.0	≥42.0	≥48.0	≥46.0
粗纤维/%	≤7.0	≤7.0	≤3.5	≤4.5
粗灰分/%	≤7.0	≤7.0	≤7.0	≤7.0
尿素酶活性(以氨态氮计)/[毫克/(分钟·克)]	≤0.3	≤0.3	≤0.3	≤0.3
氢氧化钾蛋白质溶解度/%	≥70.0	≥70.0	≥70.0	≥70.0

注：粗蛋白质、粗纤维、粗灰分三项指标均以 88%或 87%干物质为基础计算。

2. 棉籽饼

以棉籽为原料，经脱壳或部分脱壳后再以压榨法取油后得到的产品称为饲料用棉籽饼。按 NY/T 129—1989 标准规定，饲料用棉籽饼为小瓦片状或饼状，色泽呈新鲜一致的黄褐色；无发酵、霉变、虫蛀及异味异嗅；水分含量不得超过 12.0%。以粗蛋白质、粗纤维及粗灰分为质量控制指标，一级、二级、三级品粗蛋白质含量分别≥40%、≥36%、≥32%；粗纤维含量分别<10%、<12%、<14%；粗灰分含量分别<6%、<7%、<8%（以上各指标含量均以 88%干物质为基础计算）。

3. 菜籽粕

饲料用菜籽粕是指以油菜籽为原料，以预压浸提或者直接浸提法取油后得到的产品。NY/T 126—2005 标准规定，饲料用菜籽粕应为褐黄色或棕黄色，粗粉状或粗粉状夹杂小颗粒，新鲜色泽一致，无发酵、霉变、虫蛀及异味异嗅，无掺杂物，其等级技术指标见表 6-2。

表 6-2　饲料用菜籽粕等级质量指标

项目	指标		
	一级	二级	三级
粗蛋白质/%	≥39.0	≥37.0	≥35.0
中性洗涤纤维/%	≤28.0	≤31.0	≤35.0
硫苷/(微摩尔/升)	≤40.0	≤75.0	不要求
粗纤维/%	≤12.0	≤12.0	≤12.0
粗脂肪/%	≤3.0	≤3.0	≤3.0
粗灰分/%	<8.0	<8.0	<8.0
水分/%	≤12.0	≤12.0	≤12.0

注：除水分项目外均以 88%干物质为基础计算；水分项目以风干基础计算。

4. 花生粕

饲料用花生粕是以脱壳花生果为原料，经有机溶剂浸提取油或预压-浸提取油后得到。NY/T 133—1989 规定，饲料用花生粕应为碎屑状，色泽呈新鲜一致的黄褐色或浅褐色，无发酵、霉变、虫蛀、结块及异味异臭；水分含量不得超过 12.0%。以粗蛋白质、粗纤维、粗灰分为质量控制指标，一级、二级、三级品粗蛋白质含量分别≥51.0%、≥42.0%、≥37.0%；粗纤维含量分别<7%、<9%、<11%；粗灰分含量分别<6%、<7%、<8%（以上各指标含量均以 88%干物质为基础计算）。

5. 玉米蛋白粉

玉米经脱胚、粉碎、去渣、提取淀粉后的黄浆水，再经脱水制成的产品称为饲料用玉米蛋白粉。在 NY/T 685—2003 中规定，饲料用玉米蛋白粉应为粉状或颗粒状，无发霉、结块、虫蛀；具有本制品固有气味、无腐败变质气味；呈淡黄色至黄褐色、色泽均匀。

各级玉米蛋白粉水分含量均应≤12.0%，分级质量指标见表 6-3。

表 6-3 饲料用玉米蛋白粉分级质量指标

项目	指标		
	一级	二级	三级
粗蛋白质(干基)/%	≥60.0	≥55.0	≥50.0
粗脂肪(干基)/%	≤5.0	≤8.0	≤10.0
粗纤维(干基)/%	≤3.0	≤4.0	≤5.0
粗灰分(干基)/%	≤2.0	≤3.0	≤4.0

注：一级饲料为优等标准，二级饲料为中等标准，低于三级者为等外品。

6. 鱼粉

饲料用鱼粉是由鱼、虾、蟹类等水产动物及其加工的废弃物为原料，经蒸煮、压榨、烘干、粉碎等工序制成。按国标 GB/T 19164—2003 规定，特级以及一级、二级、三级鱼粉颜色均应呈黄棕色、黄褐色（红鱼粉）或黄白色（白鱼粉）；特级鱼粉组织应蓬松、纤维状组织明显、无结块、无霉变，一级品、二级品组织较蓬松、纤维状组织较明显、无结块、无霉变，三级品组织呈松软粉状物、无结块、无霉变；特级品和一级品具有鱼香味，无焦灼味和油脂酸败味，二级品和三级品具有鱼粉正常气味，无异臭、无焦灼味和明显油脂酸败味。各级饲料用鱼粉中霉菌含量均应≤3×10^3，沙门菌和寄生虫均不得检出，分级理化指标见表 6-4。

表 6-4 饲料用鱼粉不同等级分级理化指标

项目	指标			
	特级	一级	二级	三级
粗蛋白质/%	≥65	≥60	≥55	≥50
粗脂肪/%	≤11(红鱼粉)	≤12(红鱼粉)	≤13	≤14
	≤9(白鱼粉)	≤10(白鱼粉)		
水分/%	≤10	≤10	≤10	≤10
盐分(以 NaCl 计)/%	≤2	≤3	≤3	≤4

续表

项目	指标			
	特级	一级	二级	三级
灰分/%	≤16(红鱼粉) ≤18(白鱼粉)	≤18(红鱼粉) ≤20(白鱼粉)	≤20	≤23
沙分/%	≤1.5	≤2	≤2	≤3
赖氨酸/%	≥4.6(红鱼粉) ≥3.6(白鱼粉)	≥4.4(红鱼粉) ≥3.4(白鱼粉)	≥4.2	≥3.8
蛋氨酸/%	≥1.7(红鱼粉) ≥1.5(白鱼粉)	≥1.5(红鱼粉) ≥1.3(白鱼粉)	≥1.3	≥1.3
胃蛋白酶消化率/%	≥90(红鱼粉) ≥88(白鱼粉)	≥88(红鱼粉) ≥86(白鱼粉)	≥85	≥85
挥发性盐基氮(VBN)/(毫克/100克)	≤110	≤130	≤150	≤150
油脂酸价(KOH)/(毫克/克)	≤3	≤5	≤7	≤7
尿素/%	≤0.3	≤0.7	≤0.7	≤0.7
组胺/(毫克/千克)	≤300(红鱼粉) ≤40(白鱼粉)	≤500(红鱼粉) ≤40(白鱼粉)	≤1000(红鱼粉) ≤40(白鱼粉)	≤1500(红鱼粉) ≤40(白鱼粉)
铬(以6价铬计)/(毫克/千克)	≤8	≤8	≤8	≤8
粉碎粒度/%	≥96(通过筛孔为2.80毫米的标准)			
杂质/%	均不含非鱼粉原料的含氮物质(植物油饼粕、皮革粉、羽毛粉、尿素、血粉、肉骨粉等)以及加工鱼露的废渣			

7. 骨粉及肉骨粉

饲料用骨粉是以新鲜无变质的动物骨经高压蒸汽灭菌、脱脂或经脱胶、干燥、粉碎后的产品；饲料用肉骨粉是以新鲜无变质的动物废弃组织及骨经高温高压、蒸煮、灭菌、脱脂、干燥、粉碎后的产品。GB/T 20193—2006 规定，饲料用骨粉应为浅灰褐色至浅黄褐色粉状物，具骨粉固有气味，无腐败气味；饲料用肉骨粉应为黄色至黄褐色油性粉状物，具肉骨粉固有气味，无腐败气味。饲料用骨粉总磷含量应≥11.0%，粗脂肪含量应≤3.0%，水分含量应≤5.0%，酸价（KOH）应≤3 毫克/克。肉骨粉分级质量指标见表 6-5。

表 6-5 饲料用肉骨粉分级质量指标

等级	质量指标					
	粗蛋白质/%	赖氨酸/%	胃蛋白酶消化率/%	酸价(KOH)/(毫克/克)	挥发性盐基氮/(毫克/100 克)	粗灰分/%
一级	≥50	≥2.4	≥88	≤5	≤130	≤33
二级	≥45	≥2.0	≥86	≤7	≤150	≤38
三级	≥40	≥1.6	≥84	≤9	≤170	≤43

注：总磷含量≥3.5%；粗脂肪含量≤12.0%；粗纤维含量≤3.0%；水分含量≤10.0%；钙含量应当为总磷含量的 180%～220%。

8. 血粉

供饲料用的血粉是由经兽医检验合格的畜禽新鲜血液加工而成。SB/T 10212—1994 中规定，其水分含量应≤10.0%，饲料用血粉为干燥粉粒状物，具有本制品固有气味；无腐败变质气味，呈暗红色或褐色，粒径能通过 2～3 毫米孔筛，不得含沙石等杂质。一级品和二级品粗蛋白质含量分别应≥80%、≥70%，粗纤维含量均应<1%，灰分含量分别应≤4%、≤6%。

9. 水解羽毛粉

家禽屠体脱毛的羽毛及羽绒制品筛选后的毛梗，经一定的温度、压力和时间进行水解处理后得到的产品为水解羽毛粉（包括膨化水解羽毛粉）。NY/T 915—2004 中规定饲料用水解羽毛粉为干燥粉粒状，颜色呈淡黄色、褐色、深褐色、黑色，具有水解羽毛粉正常气味，无异味。一级品和二级品未水解的羽毛粉含量均应≤10.0%，水分含量应≤10.0%，粗脂肪含量应≤5.0%，胱氨酸含量应≥3.0%，粉碎粒度均以能通过标准筛孔径均不大于3毫米为标准，有差异的指标见表6-6。

表6-6 饲料用水解羽毛粉分级质量指标

项目	指标	
	一级	二级
粗蛋白质/%	≥80.0	≥75.0
粗灰分/%	≤4.0	≤6.0
沙分/%	≤2.0	≤3.0
胃蛋白酶-胰蛋白复合酶消化率/%	≥80.0	≥70.0

10. 蚕蛹

饲料用商品桑蚕蛹是由桑蚕茧经缫丝后所得。NY/T 218—1992中规定，饲料用商品桑蚕蛹应为褐色蛹粒状及少量碎片，色泽新鲜一致。无发酵霉变、结块及异味异臭；水分含量不得超过12.0%。粗蛋白质含量≥50%，粗纤维含量<4%，粗灰分含量<4%的为一级品；粗蛋白质含量≥45%，粗纤维含量<5%，粗灰分含量<5%的为二级品；粗蛋白质含量≥40%，粗纤维含量<6%，粗灰分含量<6%的为三级品。以上各项质量指标含量均以88%干物质为基础计算。

11. 酵母

QB/T 1940—1994中对以菌体蛋白为主的饲料酵母的感官指标和理化指标进行了规定。优等饲料酵母为淡黄色，一等品以及合格品为淡黄色至褐色；各级饲料酵母均应具有酵母的特殊气味，无异味，粒度均应通过SSW0.400/0.250毫米的试验筛，均应无异物，以碘液检查时均不得呈蓝色。具体分级指标见表6-7。

表6-7 饲料酵母质量指标及分级标准

项目	级别		
	优等	一等	合格
水分/%	≤8.0	≤9.0	≤9.0

续表

项目	级别		
	优等	一等	合格
灰分/%	≤8.0	≤9.0	≤10.0
细胞数/(亿个/克)	≥270.0	≥180.0	≥150.0
粗蛋白质/%	≥45.0	≥40.0	≥40.0
粗纤维/%	≤1.0	≤1.0	≤1.5

二、能量饲料的质量标准

除蛋白质以外，每种水产动物均需要一定的由碳水化合物和脂肪提供的能量源，这种主要以碳水化合物和脂肪提供能量的饲料叫能量饲料。在饲料分类上，是指蛋白质含量低于20%，粗纤维含量低于18%的饲料。水产养殖中常用的能量饲料原料可分为禾谷类籽实及其加工副产品，块根、块茎类饲料及淀粉加工产品，饲用油脂三大类。下面分别对其质量标准进行介绍。

1. 玉米

饲料用玉米籽实，包括黄玉米、白玉米、糯玉米、杂玉米。GB/T 17890—1999 中规定：其水分含量一般地区不得超过 14.0%，东北地区、内蒙古地区、新疆地区不得超过 18.0%；籽粒应整齐、均匀，色泽呈黄色或白色，无发酵、霉变、结块及异味异嗅。

2. 小麦

GB/T 10366—1989 中规定，饲料用冬小麦和春小麦应籽粒整齐、色泽新鲜一致，无发酵、霉变、结块及异味异臭；冬小麦水分含量不得超过 12.5%，春小麦水分含量不得超过 13.5%。

3. 小麦麸

饲料用小麦麸是由以各种小麦为原料，以常规制粉工艺所得的副产物。GB/T 10368—1989 中以粗蛋白质、粗纤维、粗灰分为质量控制标准，按含量将其分为三级。

4. 米糠

饲料用米糠是以糙米为原料，精制大米后的副产品。GB 10371—1989 中规定，其籽粒应整齐、色泽新鲜一致，无发酵、霉变、结块及异味异臭；水分含量不得超过 13.0%。

5. 次粉

饲料用次粉是以各种小麦为原料，磨制精粉后除去小麦麸、胚及合格面粉以外的部分。NY/T 211—1992 中规定，饲料用次粉为粉状，粉白色至浅褐色，色泽新鲜一致，无发酵、霉变、结块及异味异臭；水分含量不得超过 13.0%。

能量饲料通常以粗蛋白质、粗纤维、粗灰分为质量控制标准，按含量分为三级（表 6-8）。

表 6-8　常用能量饲料分级质量标准

饲料原料	质量指标	等级		
		一级	二级	三级
玉米	粗蛋白质/%	≥9.0	≥8.0	≥7.0
	粗纤维/%	<1.5	<2.0	<2.5
	粗灰分/%	<2.3	<2.6	<3.0
小麦	粗蛋白质/%	≥14.0	≥12.0	≥10.0
	粗纤维/%	<2.0	<3.0	<3.5
	粗灰分/%	<2.0	<2.0	<3.0
皮大麦	粗蛋白质/%	≥11.0	≥10.0	≥9.0
	粗纤维/%	<5.0	<5.5	<6.0
	粗灰分/%	<3.0	<3.0	<3.0
小麦麸	粗蛋白质/%	≥15.0	≥13.0	≥11.0
	粗纤维/%	<9.0	<10.0	<11.0
	粗灰分/%	<6.0	<6.0	<6.0
米糠	粗蛋白质/%	≥15.0	≥13.0	≥11.0
	粗纤维/%	<9.0	<10.0	<11.0
	粗灰分/%	<6.0	<6.0	<6.0

续表

饲料原料	质量指标	等级		
		一级	二级	三级
次粉	粗蛋白质/%	≥13.0	≥12.0	≥11.0
	粗纤维/%	<6.0	<7.0	<8.0
	粗灰分/%	<8.0	<9.0	<10.0

注：1. 玉米以86%干物质为基础，其他饲料均以87%干物质为基础，计算各项质量指标含量；

2. 三项质量指标必须全部符合相应等级的规定；

3. 二级为中等质量标准，低于三级者为等外品。

6. 鱼油

饲料用鱼油是指用于各类配合饲料添加使用的鱼油或作为高不饱和脂肪酸营养强化剂而使用的鱼油。SC/T 3504—2006 中规定，其外观应为浅黄色或红色油状液体，应具有鱼油特有的微腥味，无鱼油酸败味。饲料用鱼油分级质量指标见表 6-9。

表 6-9 饲料用鱼油分级质量指标

项目	一级	二级	三级
水分及挥发物/%	≤0.2	≤0.3	≤0.2
酸价(KOH)/(毫克/克)	≤1.0	≤5.0	≤1.0
过氧化值/(毫摩尔/千克)	≤6.0	≤8.0	≤3.0
不皂化物/%	≤3.0	≤3.0	≤3.0
碘价(I)/(克/100克)	≥140	≥140	≥160
EPA+DHA 含量/%	≥20	≥20	≥30

7. 大豆油

大豆油是指从大豆中提取的油脂，呈淡黄色至棕黄色，具有豆油香味和豆腥味，泡沫大。大豆油的分级质量指标见表 6-10。

表 6-10 大豆油的分级质量指标

项目	一级	二级
色泽(罗维朋比色计 1in 槽)	黄≤70,红≤4	黄≤70,红≤6
气味、滋味	具有大豆油固有气味和滋味,无异味	具有大豆油固有气味和滋味,无异味
酸价(KOH)/(毫克/克)	≤1.0	≤4.0
水分及挥发物/%	≤0.10	≤0.20
杂质/%	≤0.10	≤0.20
加热试验(280℃)	油色不得变深,无析出物	油色允许变深,但不得变黑,允许有微量析出物
含皂量/%	≤0.03	—

三、矿物质饲料的质量标准

矿物质饲料在饲料分类系统中属于第六大类，分为常量元素和微量元素两大类。微量元素矿物质饲料在配合饲料中添加量少。

1. 磷酸二氢钙

饲料级磷酸二氢钙在饲料加工中作为磷、钙的补充剂，外观为白色或略带微黄色粉末。HG/T 2861—2006 中规定其主要技术参数如下：总磷（P）含量≥22.0%，水溶性磷（P）含量≥20.0%，钙（Ca）含量为 13.0%～16.5%，水分含量应≤4.0%，氟、砷以及铅等卫生指标应符合 GB 13078—2001 的规定。

2. 磷酸氢钙

饲料级磷酸氢钙是由工业磷酸与石灰乳或碳酸钙中和生产得到，该产品在饲料加工中作为钙和磷的补充剂。其外观为白色、微黄色、微灰色粉末或颗粒状。HG 2636—2000 中规定其主要技术参数如下：磷（P）含量应≥16.5%，钙（Ca）含量应≥21.0%，氟、砷以及铅等卫生指标应符合 GB 13078—2001 的规定。

3. 硫酸镁

饲料级硫酸镁在饲料加工中作为镁的补充剂，为无色结晶或白色粉末。其主要理化指标如下：硫酸镁（$MgSO_4 \cdot 7H_2O$）含量应≥99.0%，硫酸镁（以 Mg 计）含量应≥9.7%，澄清度试验应澄清，氟、砷以及铅等卫生指标应符合 GB 13078—2001 的规定。

4. 碳酸钙

碳酸钙在饲料加工中作钙的补充剂，是由碳化法制得的轻质碳酸钙，其外观为白色粉末。HG 2940—2000 中规定：碳酸钙（$CaCO_3$）含量应≥98.0%，钙（Ca）含量应≥39.2%，盐酸不溶物含量应≤0.2%，氟、砷以及铅等卫生指标应符合 GB 13078—2001 的规定。

第七章

黄鳝、泥鳅的饲料配方技术

第一节

饲料配方设计

一、饲料配方设计原则

在配制黄鳝、泥鳅配合饲料时，应结合当地实际情况，合理选择饲料配方。由于配合饲料是基于饲料配方基础上的加工产品，所以饲料配方设计得合理与否，直接影响到配合饲料的质量与效益，因此必须对饲料配方进行科学的设计。饲料配方设计必须遵循以下原则。

1. 营养原则

（1）必须以营养需要量标准为依据　根据水产动物的种类、生长阶段和生长速度选择适宜的营养需要量标准，并结合实际养殖效果确定出日粮的营养浓度，至少要满足能量、蛋白质、钙、磷、食盐、赖氨酸和蛋氨酸这几个常量营养指标，必需脂肪酸也要满足需要，通常由油脂提供。维生素和微量元素也应满足需要，通常由预混料提供。应注意营养需要量标准与实际饲料营养水平之间的差异，要充分考虑到水温和水质、投饵次数和投饲率、管理条件、养殖模式和放养密度、水产动物健康状况、饲料资源及质量的变化、饲料加工和储藏过程中营养损失等诸多因素的影响，对营养需要量标准灵活运用，合理调整。

（2）注意营养的全面和平衡　配合日粮时，不仅要考虑各营养物质的含量，还要考虑各营养素的全价性和平衡性，营养素的全价性即各营养物质之间（如能量与蛋白质、氨基酸与维生素、氨基酸与矿物质等）以及同类营养物质之间（如氨基酸与氨基酸、矿物质与矿物质）的相对平衡。应注意蛋白质、碳水化合物、脂肪之间的恰当比例，饲料原料应多样化，尽量多用几种饲料原料进行配合，取长补短，这样有利于配制成营养全面的日粮，充分发挥各种饲料中蛋白质的互补作用，提高日粮的消化率和营养物质的利用率。实际生产中，鱼类的营养代谢病往往由于营养平衡不良所导致的。

（3）考虑水产动物的生理特点　大多数鱼类不能较好地利用碳水化合物，可消化碳水化合物过高时易导致发生脂肪肝，因此应限制日粮中可消化碳水化合物（如淀粉）的水平。鱼类对油脂的消化率很高，通常在90%以上，鱼饲料中添加油脂可显著提高饲料报酬，降低饵料系数，节省蛋白质。鱼类对游离氨基酸利用率较差，可通过添加优质动物性蛋白质或提高蛋白质水平来满足限制性氨基酸的需要。胆固醇是合成虾蜕皮激素的原料，虾饲料中必须提供。卵磷脂在脂溶性成分（脂肪、脂溶性维生素、胆固醇）的吸收与转运中起重要作用，虾饲料中一般也要添加卵磷脂。

2. 经济原则

在水产养殖生产中，饲料费用占很大比例，一般要占养殖总成本的70%～80%。在配制饲料时，必须结合水产养殖的实际经验和当地自然条件，因地制宜、就地取材，充分利用当地的饲料资源，制定出价格适宜的饲料配方。一般来说，利用本地饲料资源，可保证饲料来源充足，减少饲料运输费用，降低饲料生产成本。在配方设计时，可根据不同的养殖方式设计不同营养水平的饲料配方，最大限度地节省成本。此外，开拓新的饲料资源也是降低成本的途径之一。在配方设计中，应兼顾饲喂效果和饲料成本之间的平衡，一味追求高生长性能和低饲料成本是不科学的。

3. 卫生原则

在设计配方时，应充分考虑饲料的卫生安全要求。考虑营养指标的同时应注意饲料原料的卫生指标，所用的饲料原料应无毒、无害、未发霉、无污染。严重发霉变质的饲料应禁止使用。在饲料原料中，如玉米、米糠、花生饼、棉仁饼因脂肪含量高，容易发霉感染黄曲霉并产生黄曲霉毒素，损害肝脏。此外，还应注意所使用的原料是否受农药和其他有毒、有害物质的污染，所使用的饲料添加剂应严格遵守我国饲料添加剂使用规范。

二、营养需要量标准的选择

在鱼类饲料配方设计中，美国 NRC 鱼类的营养需要量（1993）是重要的参考依据，该标准制定了斑点叉尾鮰、虹鳟、太平洋鲑鱼、鲤鱼和罗非鱼的营养需要量。我国先后制定了一系列水产行业标准，包括渔用配合饲料通用技术要求（SC/T 1077—2004）、长吻鮠配合饲料（SC/T 1072—2006）、青鱼配合饲料（SC/T 1073—2004）、罗非鱼配合饲料（SC/T 1025—2004）、鲫鱼配合饲料（SC/T 1076—2004）、团头鲂配合饲料（SC/T 1074—2004）、鳗鲡配合饲料（SC/T 1004—2004）、鲤鱼配合饲料（SC/T 1026—2002）、草鱼配合饲料（SC/T 1024—2002）等，这些标准是配方设计中的重要参考依据。

由于鱼种类极多，食性亦不尽相同，因此无法制定统一的饲养标准。国内外对主要的养殖鱼虾提出了相应的建议值。实际应用中，应根据不同的饲喂对象，采用相应的饲养标准。对于某一种类的鱼，若无相关的研究资料，可借用生物学特性相近的鱼的标准，但需要注意，温水鱼和冷水鱼之间、淡水鱼与海水鱼之间是有差异的。

NRC 鱼类的营养需要量（1993）和我国主要养殖鱼类的营养指标推荐值分别见表 7-1、表 7-2。

表 7-1 NRC 鱼类的营养需要量（1993）（以饲喂时饲料状态为基准）

能量基础/(千卡/千克)		斑点叉尾鮰	虹鳟	太平洋鲑鱼	鲤鱼	罗非鱼
		3000	3600	3600	3200	3000
粗蛋白质(可消化蛋白质)/%		32(28)	38(24)	38(34)	35(30.5)	32(28)
氨基酸	精氨酸/%	1.2	1.5	2.04	1.31	1.18
	组氨酸/%	0.42	0.7	0.61	0.64	0.48
	异亮氨酸/%	0.73	0.9	0.75	0.76	0.87
	亮氨酸/%	0.98	1.4	1.33	1.0	0.95

续表

能量基础/(千卡/千克)		斑点叉尾鮰	虹鳟	太平洋鲑鱼	鲤鱼	罗非鱼
		3000	3600	3600	3200	3000
氨基酸	赖氨酸/%	1.43	1.8	1.7	1.74	1.43
	蛋氨酸+胱氨酸/%	0.64	1.0	1.36	0.95	0.90
	苯丙氨酸+酪氨酸/%	1.4	1.8	1.73	1.98	1.55
	苏氨酸/%	0.56	0.8	0.75	1.19	1.05
	色氨酸/%	0.14	0.2	0.17	0.24	0.28
	缬氨酸/%	0.84	1.2	1.09	1.1	0.78
	n-3 脂肪酸/%	0.5～1	1	1～2	1	—
	n-6 脂肪酸/%	—	1	—	1	0.5～1
常量元素	钙/%	R	1E	NT	NT	R
	氯/%	R	0.9E	NT	NT	NT
	镁/%	0.04	0.05	NT	0.05	0.06
	磷/%	0.45	0.6	0.6	0.6	0.5
	钾/%	R	0.7	0.8	NT	NT
	钠/%	R	0.6E	NT	NT	NT
微量元素	铜/%	5	3	NT	3	R
	碘/%	1.1E	1.1	0.6～1.1	NT	NT
	铁/%	30	60	NT	150	NT
	锰/%	2.4	13	R	13	R
	锌/%	20	30	R	30	20
	硒/%	0.25	0.3	R	NT	NT
脂溶性维生素	维生素 A/(国际单位/千克)	1000～2000	2500	2500	4000	NT
	维生素 D/(国际单位/千克)	500	2400	NT	NT	NT
	维生素 E/(国际单位/千克)	50	50	50	100	50
	维生素 K/(国际单位/千克)	R	R	R	NT	NT

续表

能量基础/(千卡/千克)		斑点叉尾鮰	虹鳟	太平洋鲑鱼	鲤鱼	罗非鱼
		3000	3600	3600	3200	3000
水溶性维生素	维生素 B_2/(毫克/千克)	9	4	7	7	6
	泛酸/(毫克/千克)	15	20	20	30	10
	烟酸/(毫克/千克)	14	10	R	28	NT
	维生素 B_{12}/(毫克/千克)	R	0.01E	R	NR	NR
	胆碱/(毫克/千克)	400	1000	800	500	NT
	生物素/(毫克/千克)	R	0.15	R	1	NT
	叶酸/(毫克/千克)	1.5	1.0	2	NR	NT
	维生素 B_1/(毫克/千克)	1	1	R	0.5	NT
	维生素 B_6/(毫克/千克)	3	3	6	6	NT
	肌醇/(毫克/千克)	NR	300	300	440	NT
	维生素 C/(毫克/千克)	25～50	50	50	R	50

注：1. 此需要量是用消化率很高的纯化原料测定的，代表了生物利用率近100%时的数值。

2. R—饲料中需要但数量未测定；NR—测试条件下未证明饲料中需要；NT—未测；E—估计值。

表 7-2 我国主要养殖鱼类的营养指标推荐值（石文雷等，1998）

营养物质	青鱼			草鱼		团头鲂		鲤鱼			罗非鱼	
	1龄鱼	2龄鱼	成鱼	鱼种	成鱼	鱼种	成鱼	1龄鱼	2龄鱼	成鱼	鱼种	成鱼
粗蛋白质/%	40.0	35.0	30.0	25.0	22.0	30.0	25.0	38.0	35.0	32.0	30.0	28.0
精氨酸/%	2.20	2.10	1.90	1.75	1.40	2.04	1.52	1.60	1.47	1.34	1.75	1.50
组氨酸/%	0.90	0.74	0.65	0.50	0.46	0.61	0.51	0.80	0.74	0.67	0.68	0.60
异亮氨酸/%	1.30	1.20	1.16	1.23	1.00	1.40	1.10	0.88	0.81	0.74	1.15	1.02
亮氨酸/%	2.40	2.10	1.90	2.13	1.70	2.02	1.55	1.29	1.19	1.09	1.91	1.76

续表

营养物质	青鱼			草鱼		团头鲂		鲤鱼			罗非鱼	
	1龄鱼	2龄鱼	成鱼	鱼种	成鱼	鱼种	成鱼	1龄鱼	2龄鱼	成鱼	鱼种	成鱼
赖氨酸/%	2.20	2.00	1.80	2.00	1.70	1.92	1.60	2.17	2.00	1.82	1.60	1.40
蛋氨酸/%	0.80	0.70	0.60	0.60	0.50	0.62	0.52	[a]1.18	[a]1.09	[a]0.99	0.90	0.80
苯丙氨酸/%	1.20	1.10	1.08	1.58	1.42	1.43	1.26	[b]2.47	[b]2.38	[b]2.08	1.09	0.98
苏氨酸/%	1.35	1.30	1.10	1.00	0.84	1.10	0.90	1.48	1.30	1.25	0.97	0.90
色氨酸/%	0.35	0.28	0.24	0.28	0.16	0.20	0.17	0.30	0.28	0.26	0.31	0.28
缬氨酸/%	2.10	1.71	1.45	1.08	0.86	1.44	1.15	1.37	1.26	1.15	1.33	1.20
粗脂肪/%	6.5	6.0	4.5	6.0	3.5	5.0	3.6	6.0	6.0	5.0	6.0	5.0
无氮浸出物/%	30.0	35.0	35.0	38.0	48.0	35.0	40.0	30.0	35.0	40.0	30.0	40.0
粗纤维/%	8.0	8.0	9.0	10.0	15.0	10.0	14.0	8.0	9.0	10.0	8.0	10.0
钙/%	0.68	0.68	0.68	0.50	0.7	1.20	1.10	0.90	0.8	0.7	1.20	1.20
磷/%	0.57	0.57	0.57	1.10	0.8	0.70	0.60	0.70	0.65	0.6	1.00	0.90

注：1. a为蛋氨酸＋胱氨酸；

2. b为苯丙氨酸＋酪氨酸。

饲养标准的营养需要量的数据多数是用处于最佳生长条件下的小鱼进行测定的，反映了满足最大生长率的营养水平。由于鱼体规格、代谢功能、管理和环境因素均会影响最佳生长的营养需求，因此，这些营养需要量的数据只是近似值，需慎重使用。

实际确定鱼饲料配方的营养水平时，还应注意以下问题。

① 营养需要量标准中的营养水平不包括安全裕量。实际配方中的营养水平应考虑饲料营养物质生物利用率的差异、加工和储藏过程中的营养损失、水质、管理与环境因素、放养密度和模式等，增加安全系数。

② 当实际所确定的能量、蛋白质水平高于或低于饲养标准时，

其他营养水平亦应作相应调整。

③ 鱼类可获得的天然饵料的多少影响配合饲料的营养水平。

④ 水温对营养需要量影响巨大。水温影响鱼体代谢、采食量及生长速度，进而影响鱼虾的营养需求。当水温发生变化时，应相应调整日粮中的营养水平。

⑤ 投饲量和投喂次数影响饲料配方的营养水平的设定。鱼类饲养与畜禽的饲养不同，饲养鱼虾不能让其自由采食，而是每天一次或分几次投喂日供给饲料量。因此，鱼虾存在饱食与未饱食的差异，进而影响到日粮中营养水平的确定。

三、原料的选择

为配制出高品质的配合饲料，在选择配合饲料的原料时应注意以下几个问题。

1．饲料原料的营养价值

在配合饲料时必须详细了解各类饲料原料营养成分的含量，有条件时应进行实际测定。应该清楚所选原料的优缺点，选用该原料的目的及该原料在配方中的限制用量。

2．饲料原料的特性

配制饲料时还要注意饲料原料的有关特性。如适口性、饲料中有毒有害成分的含量、有无霉变、来源是否充足、价格是否合理等。原料的物理特性（如颜色、气味）对配合饲料产品质量及其商品性有重要影响，应特别注意。

3．饲料的组成

饲料的组成应坚持多样化的原则，这样可以发挥各种饲料原料之间的营养互补作用，如目前提倡多种饼粕配合使用，以保证营养物质的完全平衡，提高饲料的利用率。

4．其他特殊要求

原料的选择要考虑水产饲料的特殊要求，考虑它在水中的稳定性，须选用α-淀粉、谷朊粉等。

第二节

饲料配方设计的方法

饲料配方计算技术是动物营养学、饲料科学和数学与计算机科学相结合的产物。它是实现饲料合理搭配，获得高效益、降低成本的重要手段，是发展配合饲料，实现养殖业现代化的一项基础工作。常用的计算饲料配方的方法有：试差法、对角线法、连立方程法和计算机法，使用时各有利弊。目前，采用计算机优选最佳饲料配方的方法被广泛使用。

计算机优选饲料配方的数学原理是利用线性规划。线性规划是一种应用数学方法，从数学角度来说，线性规划问题是为求某一目标函数在一定约束条件下的最大值（或最小值）问题。在线性规划的一些实际问题中都可以用线性方程组或线性不等式组来表示，而目标函数也是用线性方程来表示。

在饲料配方中，假定配方中各种原料的待求用量为 $X_j(j=1,2,3,\cdots,m)$。X_j 在线性规划中称为决策变量要求为非负变量即 $X_j\geqslant 0$。各种饲料（j）的不同营养物质（i）含量是各变量 X_j 的系数 $a_{ij}(i=1,2,3,\cdots,n)$，i 分别对应各营养素（如能量、蛋白质、钙等）。饲养标准中规定的具体饲喂对象的各种营养物质需要量则构成线性方程右侧的常数项 $b_i(i=1,2,3,\cdots,n)$，在线性方程中称为约束值。

由此得出约束条件的线性方程或线性不等式组形式如下：

$$
\begin{array}{l}
a_{11}X_1+a_{12}X_2+a_{13}X_3+\cdots+a_{1m}X_m\leqslant,=,\geqslant b_1\\
a_{21}X_1+a_{22}X_2+a_{23}X_3+\cdots+a_{2m}X_m\leqslant,=,\geqslant b_2\\
\quad\vdots\qquad\qquad\quad\vdots\qquad\qquad\quad\vdots\qquad\qquad\quad\vdots
\end{array}
$$

$$a_{n1}X_1+a_{n2}X_2+a_{n3}X_3+\cdots+a_{nm}X_m \leqslant,=,\geqslant b_n$$

≤、=、≥三种关系中只能取其中一种。

同时要求在满足上述条件下饲料配方的成本最低。为此设定目标函数如下：

$$c_1X_1+c_2X_2+c_3X_3+\cdots+c_mX_m \rightarrow \text{最小值}$$

$c_j(j=1,2,3,\cdots,m)$为各饲料原料的价格系数。

由此可知，饲料配方问题的线性规划的数学模型的表达式可归结如下：

决策变量 $X_j \geqslant 0(j=1,2,3,\cdots,m)$

约束条件的线性方程组或不等式组为：

$$\sum_{i=1}^{n}\sum_{j=1}^{m}a_{ij}X_j \leqslant,=,\geqslant b_i(i=1,2,3,\cdots,n)$$

$$\text{目标函数 } f(x)=\sum_{j=1}^{m}c_jX_j \rightarrow \min$$

当前，计算机优选饲料配方采用商业的饲料配方软件，配方优选的过程实质上是线性规划模型求解的过程。各配方软件的菜单和人机对话界面不同，但总体操作原理和过程相似。计算机软件优选饲料配方的总体操作过程如下。

（1）确定饲料配方品种和饲料营养标准　根据生产需要，确定所要设计的饲料配方品种。根据鱼的种类和饲养阶段，从系统自带的或自建的饲养标准库中选定营养标准，并根据实际情况合理调整，确定所设计的饲料配方的营养标准。

（2）选用饲料原料　调整所选原料营养成分，输入原料价格，确定原料使用限量。根据原料的营养特性合理选用，根据分析结果，调整原料营养成分。输入当前原料价格，根据原料特性，合理进行限量规定。

（3）配方优化运算　在饲料营养标准和原料确定后，进行配方优化运算。

（4）结果分析　计算机优化运算后，给出最低成本的饲料配方单。配方设计人员应根据所学知识和经验，对配方进行检查和评估，重点检查原料用量是否合理、营养指标是否达到标准的要求、饲料产品预期的物理特性等，最终确定优化配方。

第三节

配合饲料的质量标准

目前我国已经颁布了一些水产动物配合饲料标准，下面就已颁布的一些淡水鱼类配合饲料标准加以介绍。

SC/T 1077—2004 中对渔用粉状配合饲料、颗粒配合饲料和膨化颗粒配合饲料的一些通用技术指标进行了明确规定。但对微颗粒饲料和软颗粒饲料等新型饲料，我国尚无规定。

1. 原料粉碎粒度

鱼类配合饲料原料的粉碎粒度基本要求应符合表 7-3 的规定。

表 7-3 鱼类配合饲料原料粉碎粒度的基本要求

（引自 SC/T 1077—2004）

饲养对象	苗种阶段饲料		养成阶段饲料	
	筛孔尺寸/毫米	筛上物含量/%	筛孔尺寸/毫米	筛上物含量/%
草食性鱼类	0.355	≤10	0.500	≤10
肉食性鱼类	0.250	≤5	0.425	≤5

但不同养殖对象，具体标准和检测筛孔尺寸有所差异。草鱼鱼苗、鱼种、食用鱼三个阶段饲料的原料粉碎粒度（筛上物）分别应≤15.0%、≤10.0%和≤10.0%。鲤鱼、团头鲂饲料的原料粉碎粒度（筛上物）均应≤10%。鲫鱼鱼苗、鱼种、食用鱼三个阶段颗粒

饲料的原料粉碎粒度（筛上物）分别应≤5.0%、≤8.0%和≤10.0%，膨化饲料分别应≤5.0%、≤8.0%和≤8.0%；罗非鱼饲料的原料粉碎粒度规定与鲫鱼相同。青鱼破碎饲料的原料粉碎粒度（筛上物）应≤10.0%（筛孔尺寸0.250毫米）；1龄、2龄鱼种颗粒饲料、食用鱼颗粒饲料的原料粉碎粒度（筛上物）均应≤5.0%。鳗鲡、长吻鮠、中华绒螯蟹饲料的原料粉碎粒度（筛上物）均应≤5.0%。中华鳖稚鳖、幼鳖、成鳖饲料的原料粉碎粒度（筛上物）分别应≤4%、≤6%和≤8%。大黄鱼鱼苗、鱼种、食用鱼三个阶段颗粒饲料的原料粉碎粒度（筛上物）分别应≤6.0%（筛孔尺寸0.20毫米）、≤3.0%和≤5.0%（筛孔尺寸0.25毫米）。应注意不同养殖对象的饲料，在检测原料粉碎粒度时筛孔尺寸要求有所差异。

2. 混合均匀度

混合均匀度的测定按GB/T 5918—2008的规定执行。粉料的混合均匀度（变异系数 *CV*）应不大于10%；预混合料添加剂的混合均匀度（变异系数 *CV*）应不大于5%。但长吻鮠、凡纳滨对虾、鲈鱼、军曹鱼饲料混合均匀度（变异系数 *CV*）应不大于7%，青鱼、中华绒螯蟹蟹苗、中华鳖稚鳖饲料混合均匀度（变异系数 *CV*）应不大于8%。

3. 粉化率

颗粒饲料的粉化率应小于10%，膨化饲料的粉化率应小于1%。粉化率的测定按GB/T 16765—1997的规定执行，其中所用的试验筛的筛孔尺寸应小于饲料颗粒的粒径。

4. 感官指标

色泽一致，颗粒（粉粒）均匀，新鲜、无杂质、无异味、无霉变、无发酵、无结块、无虫蛀及鼠咬。

5. 水分

各类配合饲料水分含量规定如下：粉状饲料≤10%，颗粒饲料≤12.5%，膨化饲料≤10%。水分的测定按GB/T 6435—2014的规定执行。

6. 水中稳定性

渔用配合饲料水中稳定性以“溶失率”表示，溶失率的基本要求如下：粉状饲料（面团）的溶失率≤5%，浸泡时间为60分钟（适用于鳗鲡）；颗粒饲料浸泡时间为5分钟的溶失率≤10%；膨化饲料浸泡时间为20分钟的溶失率≤10%。

但不同养殖对象、不同养殖阶段以及不同饲料类型，水中稳定性（溶失率）具体要求存在一定差异。草鱼鱼苗饲料的浸泡时间为5分钟，溶失率要求≤20.0%。青鱼破碎饲料、颗粒饲料的溶失率分别应≤10.0%、≤5.0%，水中浸泡时间均为10分钟。团头鲂鱼种、食用鱼饲料溶失率均应小于12.0%，水中浸泡时间均为10分钟。鳗鲡各阶段粉状饲料的溶失率均要求≤4.0%，膨化颗粒饲料均要求≤10.0%，水中浸泡时间均为60分钟。长吻鮠粉料的溶失率应≤10%，鱼苗、鱼种、食用鱼颗粒料的溶失率分别应≤20.0%、≤15.0%、≤10.0%，具体按SC/T 1077—2004的规定执行。凡纳滨对虾幼虾饲料的溶失率要求≤18.0%，中虾饲料和成虾饲料的溶失率要求≤16.0%，具体按SC/T 2002—2002的规定执行。中华绒螯蟹蟹苗饲料的溶失率要求≤10.0%，蟹种和食用蟹饲料的溶失率要求≤5.0%，水中浸泡时间均为30分钟。稚鳖、幼鳖、成鳖饲料的溶失率均要求≤4.0%，浸泡时间为60分钟。其他均同SC/T 1077—2004中的通用技术要求。

笔者列举了一些黄鳝、泥鳅的饲料配方，供参考，见表7-4～表7-6。

表7-4 幼鳝饲料配方

（引自赵昌廷《巧配水产动物饲料》，2012）

饲料原料	配方一	配方二
进口鱼粉/%	59.22	57.74
玉米蛋白粉/%	—	—
发酵血粉/%	—	—

续表

饲料原料	配方一	配方二
啤酒酵母粉/%	5.0	5.0
大豆粉(熟)/%	10.0	10.0
大豆粕/%	—	—
亚麻仁粕/%	—	3.35
脱脂奶粉/%	5.0	5.0
小麦蛋白粉/%	—	—
小麦次粉/%	2.27	—
碳酸钙/%	1.1	1.16
磷酸一钙/%	2.91	3.05
α-马铃薯淀粉/%	10.0	10.0
氯化胆碱/%	0.5	0.5
聚丙烯酸钠/%	0.4	0.4
海藻酸钠/%	0.3	0.3
维生素添加剂/%	1.0	1.0
无机盐类添加剂/%	1.0	1.0
合计/%	100	100
粗蛋白质/%	45.00	—
粗脂肪/%	4.50	—
赖氨酸/%	3.60	—
蛋氨酸+胱氨酸/%	1.60	—
精氨酸/%	2.70	—
总钙/%	3.40	—
总磷/%	2.60	—

表 7-5　成鳝饲料配方

（引自叶元土等《鱼类营养与饲料配制》，2013）

饲料原料	有效生长天数					
	150～250 天			250～365 天		
	水温					
	＜18℃	18～28℃	＞28℃	＜18℃	18～28℃	＞28℃
	粗蛋白质含量					
	41%	40%	40%	41%	40%	40%
面粉/%	22.0	22.0	22.0	22.0	22.0	22.5
细米糠/%	3.7	6.2	7.7	3.7	6.7	6.7
膨化大豆/%	6.0	6.0	6.0	6.0	6.0	6.0
豆粕/%	15.0	15.0	15.0	16.0	15.0	16.0
玉米蛋白粉/%	6.0	6.0	6.0	6.0	6.0	6.0
血细胞蛋白粉/%	2.0	1.5	1.5	2.0	2.0	2.0
鱼粉/%	34.0	33.0	32.0	33.0	32.0	31.0
肉粉/%	2.5	2.5	2.5	3.0	2.5	2.5
磷酸二氢钙/%	2.0	2.0	2.0	2.0	2.0	2.0
沸石粉/%	2.0	2.0	2.0	2.0	2.0	2.0
豆油/%	3.5	2.5	2.0	3.0	2.5	2.0
叶黄素/%	0.3	0.3	0.3	0.3	0.3	0.3
预混料/%	1.0	1.0	1.0	1.0	1.0	1.0
合计/%	100	100	100	100	100	100
粗蛋白质/%	41.45	40.71	40.26	41.55	40.54	40.39
粗灰分/%	11.56	11.58	11.55	11.57	11.49	11.40
粗纤维/%	2.32	2.46	2.54	2.38	2.48	2.55
粗脂肪/%	8.49	7.81	7.48	8.01	7.83	7.30
赖氨酸/%	2.61	2.55	2.51	2.60	2.54	2.52
蛋氨酸/%	0.84	0.83	0.82	0.84	0.82	0.81
总钙/%	2.71	2.68	2.64	2.72	2.64	2.61
总磷/%	1.79	1.80	1.79	1.79	1.78	1.76

表 7-6 泥鳅饲料配方

饲料原料	配方一	配方二	配方三
鱼粉/%	22	20	21
玉米粉/%	20.5	20	17
麸皮/%	6	6	6
菜粕/%	4	4	4
棉粕/%	3	3	3
豆粕/%	36.8	36.8	36.8
豆油/%	0.5	3	5
甜菜碱/%	0.5	0.5	0.5
食盐/%	0.2	0.2	0.2
磷酸二氢钙/%	1.5	1.5	1.5
羧甲基纤维素/%	2	2	2
3%浓缩预混料/%	3	3	3
粗蛋白质/%	35.6	34.7	34.7
能量/(千焦/克)	13.9	13.9	14.3
能量蛋白比	37.4	39.0	41.2

第八章

黄鳝、泥鳅的饲料加工工艺

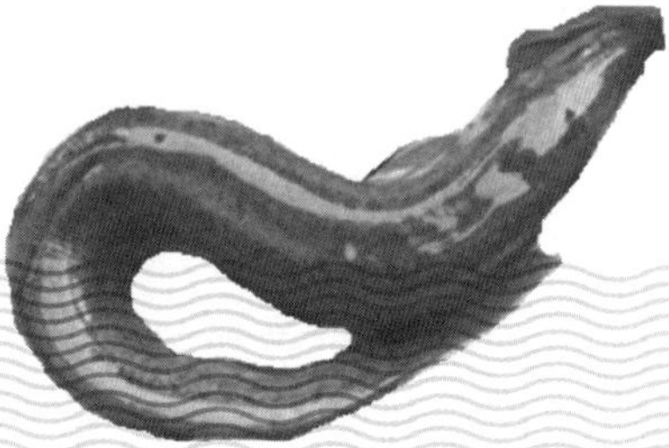

第一节

饲料加工工艺

一、饲料加工工艺概述

饲料加工工艺是指从饲料原料至成品之间所经过的加工过程，由各种有关的加工设备按一定顺序组合而成。

饲料加工工艺一般由原料接收、原料清理、粉碎、配料、混合、成形及成品发放 7 个工序组成（图 8-1）。工艺的繁简程度视产品品种、生产规模及投资限额等因素而定。粉状全价配合饲料、预混合饲料、浓缩饲料的工艺组成基本相似，颗粒饲料则要增设成形工序。

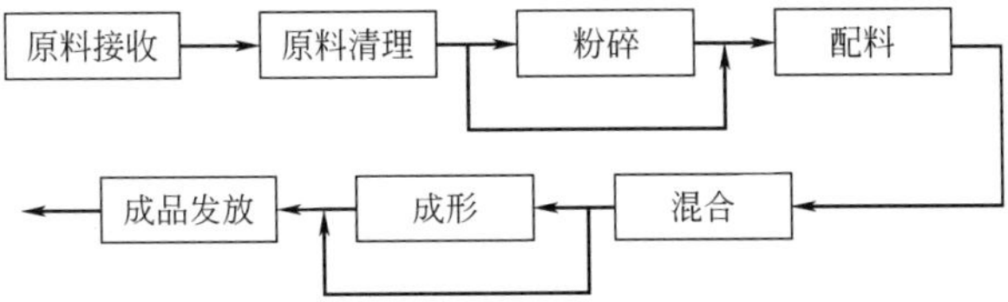

图 8-1　饲料加工工艺组成示意图

饲料加工工艺按各工序的排列顺序不同可以分成两大类，即“先粉碎后配料工艺”（简称先粉后配）和“先配料后粉碎工艺”（简称先配后粉）。“先粉后配”工艺是目前国内应用最普遍的工艺类型，较适合于谷实类饲料占有比例较大、待粉碎物料种类相对较少的情况。这种工艺类型，动力消耗较低、粉碎操作较易控制，粉碎工序与配料混合工序相对独立，粉碎机的一般故障不会影响生产。“先配后粉”工艺是先将各待粉碎原料或全部原料按配方配料，然后一起粉碎，适用于加工含粮油副产品较多的水产饲料的加工，小型加工厂多采用此工艺。其最大的特点是可减少配料仓的数目，简化流程及生产过程。除了这两种基本类型外，高档水产饲料及宠物饲料的生产还常常将这两种类型相结合，形成“先粉碎后配料再粉碎”的工艺形式，既具有先粉后配工艺在谷实类颗粒原料粉碎方面的优势，又保证了最终粉状成品粒度一致的需要。

二、原料的接收

原料接收是将用运送到厂的各种原料，经质量检验、称重计量、初清入库存放或直接投入使用的工艺过程。饲料原料的品种繁多，数量差异较大，包装形式各异，接收工艺视原料的品种、来料方式等而定。

1. 固体原料的接收

固体原料有包装和散装两种来料方式，储存方式有平房仓和立筒库两种方式。平房仓储存包装来料，一般采用人工或叉车等方式直接送入。散装原料和包装原料均可送入立筒库中储存。原料经卸料坑、输送设备，再经清理、称量（或不称量）入筒库储存。有时也可直接进入加工车间内的待粉碎仓或配料仓。对于由汽车或火车输送来的散装原料，一般可直接倒入卸料坑；水路来料的卸料方式有气力运输或用斗式提升机、抓斗等与带式输送机相结合的方式卸料。包装原料由人工拆包后倒入卸料坑中。图 8-2 是火车和汽车固体来料的接收工艺。

原料接收设备的接收能力一般为饲料厂生产能力的 3～5 倍，以便在较短的时间内完成接收任务。

2. 液体原料的接收

饲料厂接收最多的液体原料是油脂和糖蜜。

液体原料的一般接收工艺如图 8-3 所示。液体罐车进入厂内后，由厂内配置的泵送入储存罐，罐内有加热装置，使用时先加热，再用工作泵送到车间。加热温度应视原料的特性而定。为了避

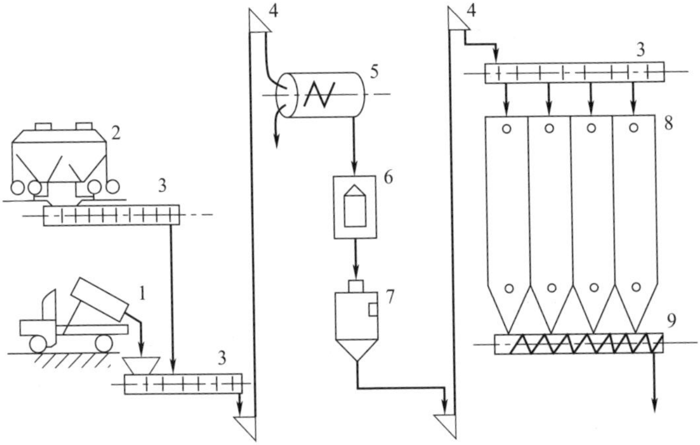

图 8-2 火车和汽车固体来料接收工艺

1—自卸汽车；2—铁路罐车；3—刮板输送机；4—斗式提升机；5—初清筛；6—永磁筒；7—自动秤；8—立筒仓；9—出仓设备

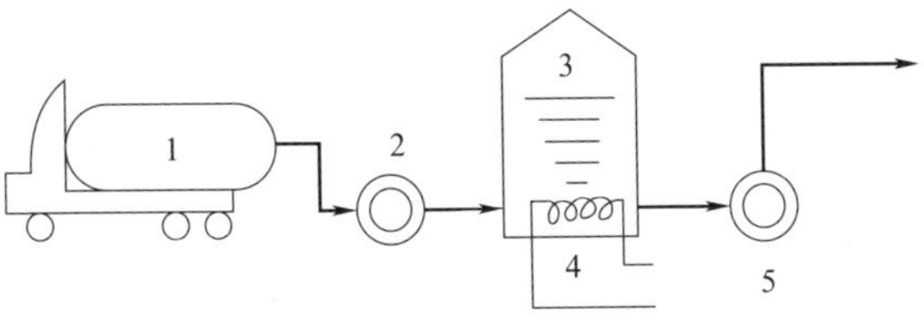

图 8-3 液体原料接收工艺

1—罐车；2—接收泵；3—储存罐；4—加热装置；5—输送泵

免液体原料品质的下降及其对设备的腐蚀，应避免储存罐内水汽的产生。如油脂中夹带水分从0.5%增加到3%时，油脂的氧化加速，质量下降，对罐壁的腐蚀力增强。

三、原料的清理

饲料加工常用的原料中，谷实类原料及其加工副产品常夹杂着一些沙土、皮屑、秸秆、麻绳及金属类等杂质。这些杂质的存在一方面对饲料成品的质量有影响，另一方面还会影响加工正常、安全地进行，应采用一定的工艺手段予以去除。

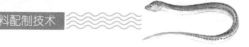

杂质去除的方法有多种，一般视杂质与物料间的物理特性的不同以及杂质去除的目的和要求而定。目前，饲料厂常用的清理方法主要有筛选法和磁选法两种。筛选法主要清除大于及小于饲料的泥沙、秸秆、石块、麻绳等杂质。磁选法则用以去除各种磁性杂质。

1. 筛选

筛选是根据物料粒子间，或物料与杂质间外形尺寸的不同，利用一层或数层运动或静止的筛面，按粒度大小对物料进行分选的工艺方法。筛选多用于外形尺寸与原料相差较大的杂质的清理，或将物料按外形尺寸进行分级。筛选时，物料按一定的运动形式从筛面上通过。粒度小于筛孔尺寸的物料穿过筛面成为筛下物，反之留存于筛面成为筛上物。但实现筛分必须满足三个必要条件，即：①物料和筛面有相对运动；②需过筛物和筛面接触；③有合适的孔形和尺寸。这三个必要条件主要由传动机构和筛面结构决定。

饲料厂常用的筛选设备一般有圆筒初清筛（图 8-4）和圆锥粉料清理筛（图 8-5）。国内目前使用较为普遍的是圆筒初清筛，主要用于清除谷实类物料（如玉米等）中的大杂质（如麻绳、土块、

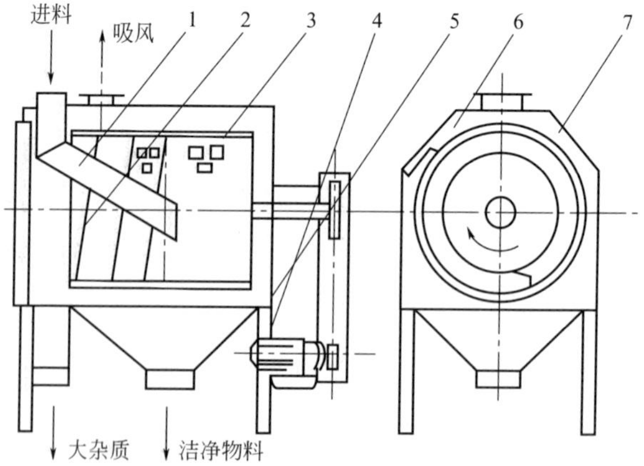

图 8-4　SCY 系列圆筒初清筛

1—进料管；2—螺旋片；3—筛筒；4—电动机；5—传动装置；6—清理筛；7—机架

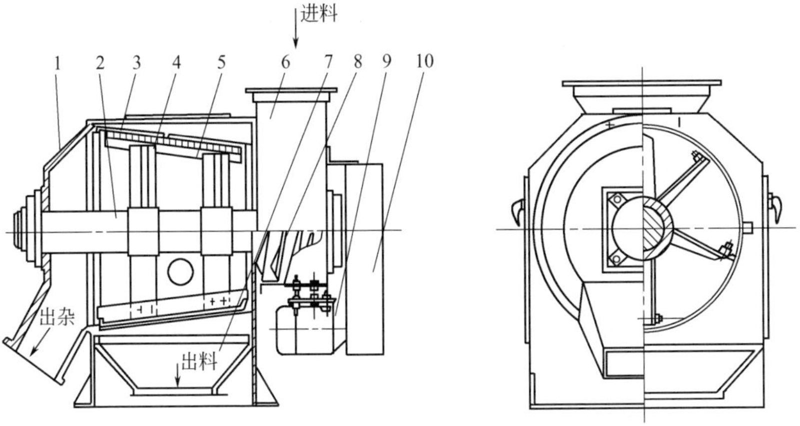

图 8-5 SCQZ 型圆锥粉料清理筛

1—出料端盖；2—转子；3—筛筒；4—刷子；5—打板；6—进料斗；7—出料口；8—喂料螺旋；9—电动机；10—防护罩

玉米棒等）。特点是产量高、动力消耗少、结构简单、占地面积小、易于安装维修、调换筛筒方便等特点。

圆锥粉料清理筛主要用于粉状原料（如米糠、麸皮、鱼粉等）的清理，可有效地清除混杂于其中的纸片、麻绳等杂质，并可将结团原料打散，减少杂质中原料的含量。

评价筛选工艺效果用杂质去除率和杂质含料率表示。杂质去除率指经筛选去除的杂质量占物料所含杂质量的百分率，一般要求不小于 90%。杂质含料率是指去除的杂质中所含物料量占去除的杂质总量的百分率。

要获得良好的筛选效果，应从设备选用和合理操作两个方面着手。从设备角度而言，要求筛体运动形式及运动参数合理，筛面结构（包括筛孔、倾角、宽度及长度等）合理。尽量提高筛面开孔率，以提高应筛下物通过筛面的能力，提高产量。从操作的角度而言，合理而稳定的流量控制是获得良好筛选效果的保证。

2. 磁选

在饲料中常会混杂一些坚硬的金属工具的脱落物，这些杂质不仅影响产品的质量，同时会造成生产故障和事故，必须严格予以清除。大多数情况下，这类杂质多为钢铁类磁性杂质，可以借助它与饲料间磁化率的不同，借助磁选设备清除。

磁选设备的主要工作构件是磁铁，根据产生磁场的方法不同，磁铁可分为电磁铁和永久磁铁两大类。随着优质磁性材料的研究与开发，新型材料所制成的永久磁铁有了很大发展。目前饲料厂所使用的磁选设备基本上都是永久磁铁制作。

饲料厂常用的磁选设备主要有溜管磁选器（图 8-6）、永磁筒磁选器（简称永磁筒）（图 8-7）。溜管磁选器就是将磁钢安装在溜管上所构成的磁选器，也称磁选溜管。溜管磁选器主要用于安装空间较小，磁杂质相对较少的场合。永磁筒具有结构简单、除铁效率高、不占场地、无须动力等优点，所以被饲料厂、粮油加工厂普遍采用。

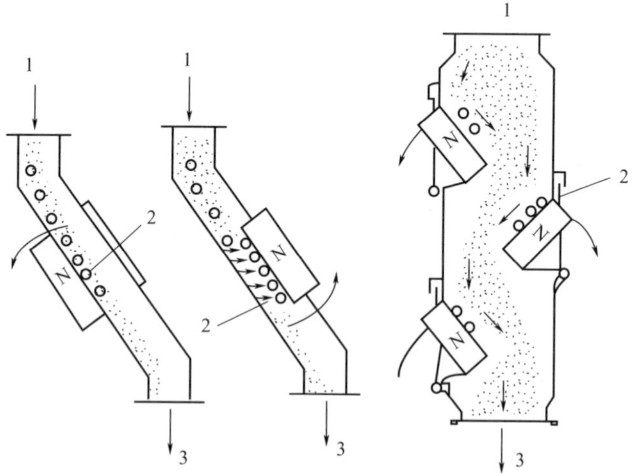

图 8-6　溜管磁选器

1—进料口；2—磁体；3—出料口

磁选工艺效果可用磁性杂质去除率表示，即去除的磁性杂质占原料中磁性杂质的总量的百分率。一般要求不低于 95%。影响磁

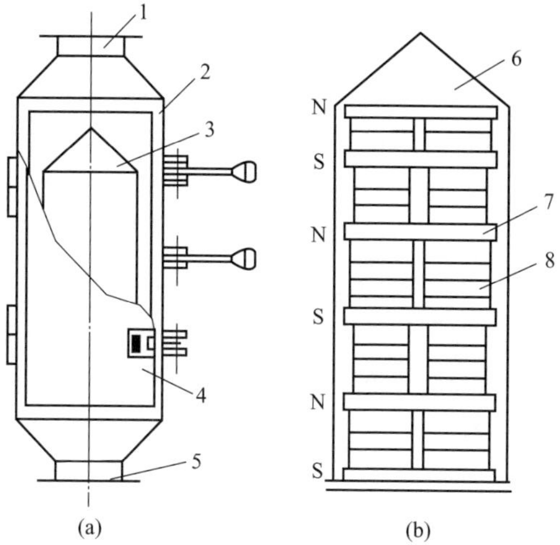

图 8-7 永磁筒磁选器

1—进料口；2—外筒；3—磁体；4—外筒门；5—出料口；
6—磁体外罩；7—导磁板；8—磁铁板

选效果的因素可分为三个方面：磁铁的性能（磁感强度、矫顽磁力），流过磁铁的料层的厚度和速度以及物料与磁铁表面间的实际距离。为了保证磁铁的性能维持在较高的状态，在使用过程中应注意环境条件（如高温、高湿、震动和冲击）。这些因素都会在一定程度下降低磁铁的性能。

四、饲料的粉碎

粉碎是用机械的方法克服固体物料内聚力而使之破碎的一种工艺方法，是饲料加工过程中的最主要的工序之一。粉碎的目的是增加饲料的表面积，有利于动物的消化和吸收，同时，改善和提高物料的加工性能，如混合均匀性、制粒质量等。而粉碎后物料的粒度大小视饲养对象、不同的饲养阶段以及加工要求而定。

粒度是用以描述物料颗粒外形尺寸大小的物理量，也是描述粉碎程度及效果的一个主要物理量。粒度的测定方法和表示方法有许多。在饲料行业，常用筛分法来测定，用平均粒度和分布参数来表示。筛分法根据测定的用途不同有多种方法。目前国内常用 GB/T 5917.1—2008《饲料粉碎粒度测定两层筛筛分法》和 GB/T 6971—2007《饲料粉碎机试验方法》。

《配合饲料粉碎粒度测定法》主要用于评价配合饲料粉碎粒度，标准筛筛孔的配备为 4、6。此法将待测样品，经标准筛筛分后，获取各层筛的筛上物占样品总量的百分率，以此描述粉体的粒度。具体应用时常根据配合饲料的品种选用两层筛进行测定。

十五层筛法是 GB/T 6971—2007《饲料粉碎机试验方法》中规定的粉碎产品粒度测定法，它与美国农业工程协会制定的 ASAES319《用筛分法测定和表示饲料粒度的方法》相同，主要用于饲料粉碎机性能试验研究。该法用重量几何平均直径 D_{gw}、质量几何标准差 S_{gw} 表示粉体的平均粒径和粒度分布状态。

粉碎的方法有很多，在饲料加工过程中，主要粉碎的物料为谷物或饼粕类原料，这些物料的粉碎方法有击碎、磨碎、压碎和锯碎等几种。相应的典型机型有锤片式粉碎机、爪式粉碎机、盘式粉碎机（盘磨）、辊式粉碎机和破饼机等。粉碎方法的选用，主要考虑的是被粉碎物料的物理机械性能（如硬度和破裂性等）。谷物类或饼粕类原料破裂性较好，采用击碎方法很有效。因此，饲料厂应用最广泛的粉碎机是以击碎方法为主的锤片式粉碎机。

1. 锤片式粉碎机

锤片式粉碎机一般由进料机构、机体、转子、齿板、筛片（板）、排料装置以及传动控制系统等部分组成（图 8-8）。

进料机构的作用是导料和匀料，以保证物料能顺利均衡地进入粉碎机。为了保证进料流量的均匀性，常加设给料控制装置（如螺旋式给料器、叶轮式给料器等）。

转子是锤片式粉碎机的主要工作部件。转子的作用就是支承并带动安装在其上的锤片以一定的速度转动，撞击物料使其破碎。转子被筛片和齿板所包围，构成粉碎室。

锤片是锤片式粉碎机主要工作部件和易损件，其形式、外形尺

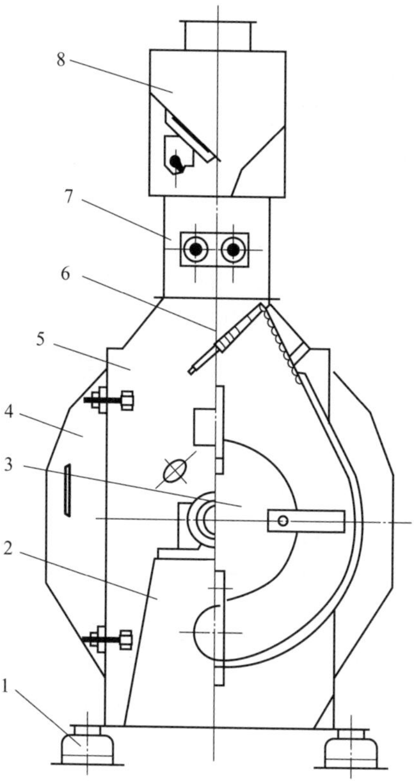

图 8-8 锤片式粉碎机结构示意图

1—减震器；2—机座；3—转子；4—操作门；5—上机壳；
6—进料导向机构；7—篦式磁选器；8—料斗

寸、制作材质及安装排列方式等对粉碎的效果是至关重要的。近几年随着饲料机械制造技术的发展，各饲料机械制造企业对锤片作了一定改进和发展。锤片常用的制作材料一般有低碳钢、中碳钢、特种铸铁和合金钢。锤片的工作区域主要在边角部位，因此，为了提高锤片耐磨性，一般要经过一定的处理工艺来提高边角区域的硬度。常用的热处理方法有固体渗碳淬火、堆焊涂焊耐磨材料等方法。经热处理后边角部分硬度应达到 HRC50～57 以上。而在使用一段时间后，硬化层会被磨损，这时就应该调换边角或更换锤片。

筛片也是主要的工作部件和易损件之一，其主要作用是控制粉碎产品的粒度，同时，辅助锤片完成粉碎操作。筛片一般由冷轧钢板冲孔制成，规格以孔径划分，孔径（毫米）乘以 10 作为筛号。《圆孔和长孔筛片》（GB/T 3943—1983）规定了筛片的规格及加工技术要求。

粉碎机的机体的作用主要是支撑固定工作部件、保证物料顺利进入粉碎室，同时将经粉碎排出粉碎室的物料收集，从下部排料口顺利排出。工作时，原料由进料口进入粉碎室，受到高速回转的锤片反复打击，并与筛片产生强烈的冲撞、摩擦，最终被粉碎至一定的粒度后，通过筛片的筛孔而被排出粉碎室。

评价粉碎机工作效果的主要技术指标和经济指标有产品粒度、产量、吨料电耗等。影响锤片式粉碎机工作性能的因素很多，它们又互相影响，主要有物料特性、粉碎机结构及工艺参数及操作等。物料特性主要指被粉碎物料的硬度、韧性、含水率等；粉碎机结构包括粉碎室的形式，锤片的结构、数目、排列等，工作时锤片末端与筛片之间的最小距离，筛片的结构等；工艺参数如锤片末端线速度、辅助吸风系统的吸风量等；操作因素主要有工作流量及其稳定性等。

目前，我国锤片式粉碎机中已有的定型产品有 9FQ 和 SFSP 两大系列，其中以 SFSP 系列应用较为广泛。近几年锤片式粉碎机的制造和使用有较大的发展，相继出现了水滴型、宽筛式、振筛式、立轴式等机型。

2. 爪式粉碎机

爪式粉碎机又称齿爪式粉碎机。它是利用击碎作用完成粉碎的。粉碎是由安装在定齿盘和动齿盘上的固定齿爪的冲击、剪切、搓擦、摩擦等作用完成的。粉体的粒度由筛片控制。爪式粉碎机对物料的适应性较广，适用于小型饲料加工机组。我国的爪式粉碎机已实行标准化。现有转子外径为 270 毫米、310 毫米、330 毫米、370 毫米和 450 毫米等规格。

3. 微粉碎机

对于水产饲料、特种动物饲料以及配合饲料中的微量组分，为了保证后续加工质量，保证产品品质，常要求原料粒度低于 60 目。一般的粉碎机难以达到这一要求，需要选用微粉碎机或超微粉碎机。

微粉碎机和超微粉碎机的机型非常多。常见的有高速机械冲击式磨机、悬辊磨、球磨机、盘磨机、振动磨、气流磨和胶体磨等。这些类型的粉碎机多用于微量组分的粉碎。目前饲料厂在某些水产饲料及其他特种饲料的加工中普遍使用的是大产量而产品粒度较粗的微粉碎机。如宽筛式锤片式微粉碎机、振筛式锤片式微粉碎机、立轴式微粉碎机等。

粉碎工序的工艺流程一般是按完成粉碎操作所需的粉碎次数进行划分。一般分为一次粉碎工艺、二次粉碎工艺。

(1) 一次粉碎工艺　图 8-9 为一次粉碎工艺流程。这是最基本的粉碎工艺流程，粉碎操作由一次粉碎完成。其中包括待粉碎仓、给料器、粉碎机和输送设备。粉碎机为锤片式粉碎机，且粉碎后物料的输送由机械输送机完成的中大型工艺中，粉碎工序还包括辅助吸风系统。为了提高工艺的灵活性，大型饲料厂的粉碎工艺常并列设置 2～3 台粉碎机。

(2) 二次粉碎工艺　二次粉碎工艺中物料需经二次粉碎方可全部达到粒度要求（图 8-10）。二次粉碎工艺中物料经第一次粉碎后，由筛分设备分级，没达到粉碎粒度要求的物料（筛上物）返回原粉碎机，或进入第二台粉碎机进行二次粉碎，以达到粒度要求。

二次粉碎工艺相对一次粉碎工艺而言，具有能耗较低、产量较高、粉碎粒度均匀性较好的特点。但这种工艺投资较高，多用于粉体粒度要求较细的情况。

另外，还有三次粉碎的工艺形式，即经三次粉碎操作，物料方可全部达到粒度要求。

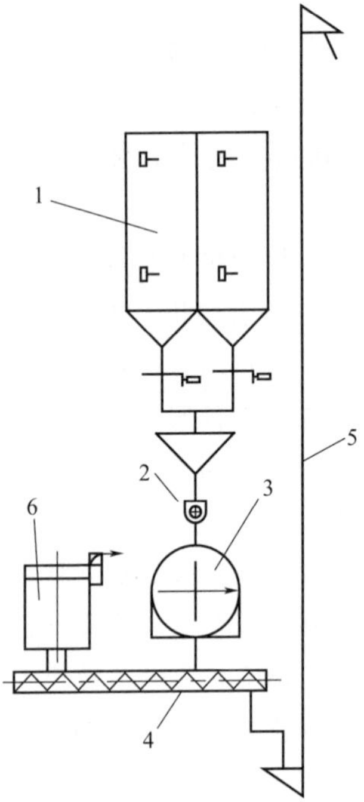

图 8-9　一次粉碎工艺流程

1—待粉碎仓；2—粉碎机；3—螺旋输送机；4—螺旋传送机；
5—提升机；6—布袋除尘器

五、配料计量

1. 配料计量的基本概念

饲料的配料计量是按待生产饲料配方要求，采用特定的配料装置，对各饲用原料进行准确称量的过程。配料工序是饲料加工过程中的关键环节，其核心设备是配料秤。配料秤根据其工作原理可以分为容积式与重量式两类；根据工作过程，可分为连续式与分批式（间歇式）两类。相比而言，重量分批式配料秤称量准确度高、受各种条件影响小，国内现已广泛采用。其中，电子配料秤以其配料准确度和自动化程度高，已成为饲料加工中配料计量的主要衡器。

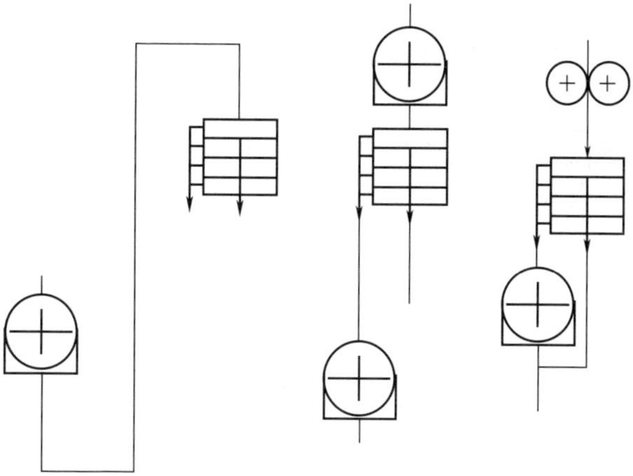

图 8-10 二次粉碎工艺流程

1—单机循环；2—两台锤片式粉碎机串联；3—辊式粉碎机与锤片式粉碎机串联

配料计量秤是一种准确度要求高的工业用衡器。国际法制计量组织（OIML）规定，衡器可分为Ⅰ级、Ⅱ级、Ⅲ级和Ⅳ级。GB/T 20803—2006《饲料配料系统通用技术规范》中规定饲料生产企业使用的配料秤其准确度等级为Ⅲ级或Ⅳ级。

配料秤的选用应从结构及工艺等方面全面考虑，其最大量程应能满足生产要求。对于中大型饲料厂，配料过程的自动控制系统应能满足顺利安全地自动化生产，保证配料的动态准确度。

2. 电子配料秤

电子配料秤主要由秤斗、传力连接件、称重传感器、重量显示仪表和电子线路（含电源、信号放大器、模数转换、调节元件、补偿元件等）组成（图 8-11）。

秤斗是用来承受待称物料重量并将其传递给传感器的箱形部件，由秤体和秤门组成。秤门有电动和气动两种。按机构形式分，则有水平插板式秤门与垂直翻板式秤门。

传力连接件是保证将待称物料的质量完全作用于称重传感器上的机械装置。从传力连接件与称重传感器的安装方式来看，传力连

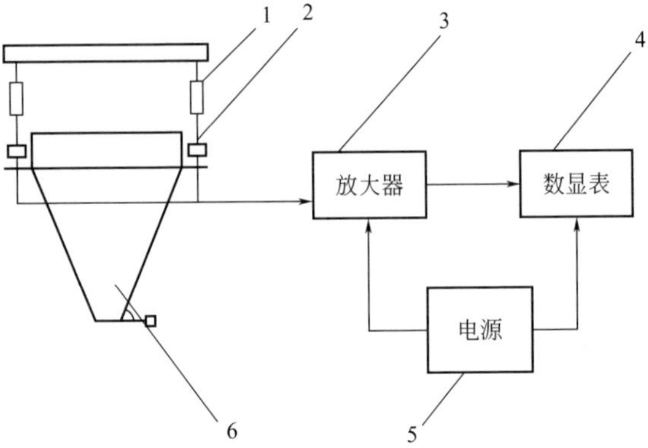

图 8-11　电子配料秤的组成

1—连接件；2—称重传感器；3—放大器；4—数显表；5—电源；6—秤斗

接件分为吊挂式传力连接件和平压式传力连接件。

传感器是能将非电的物理量（如重力、拉力、位移、速度、流量等）转换成电量（电压、电流、电阻或电容）或电信号并传送出去的一种转换元件，是电子配料秤最关键的构件。

传感器有电阻式、电容式、压磁式和谐振式等多种，其中应用最多的是电阻式。电子配料秤一般配置 3～4 只传感器，各传感器的组合方式有串联、并联和串并联混用三种方式，其中以并联工作方式应用最广。同一配料秤上所配置的传感器的容量和精度应一致。

电子称重显示仪表的作用是将称重传感器的称重结果用模拟形式或数字形式显示出来。配料过程是一个周期性过程，可由程序自动进行，也可以由人工按程序依次操作。首先是首号仓开始给料，给料量达到设定的提前量时，转为慢给料，至达到该原料配方设定值；首号仓停止配料，第二号仓开始给料，过程与首号仓相同，依次进行各仓原料的配料，直到所有设定的料仓给料完毕；第一个配料周期内，检测混合机料门是否关闭，之后配料周期内，检测混合机门是否卸料完毕并且料门关闭到位；如检测通过，则打开秤斗门卸料，物料进入混合机。如需加入添加剂，操作人员在系统报警提示后，由人工添加口进行手工添加，并发出信号。系统则根据秤斗门关闭或添加剂加入的确认信号后开始计算混合时间。秤斗门关闭后，进入下一个配料周期。循环往复，直到完成设定的生产批次。

3. 辅助设备

（1）配料仓　配料仓是饲料加工车间中占有空间最大的设备，其作用是储存各种原料，以保证生产协调、连续地进行。配料仓可以为混凝土结构，但更多地使用钢板制作。其横截面形状以矩形为多。配料仓的容积、结构及其使用状况均对正常生产有影响。

配料仓的容积应能满足生产顺利进行为目标，过大会增加土建成本、过小则不利于生产调度，影响生产顺利进行。目前，一般以储存每种料的仓容量能保证 4～8 小时生产需要进行设计。

配料仓一般由直体部分和锥体部分（料斗）构成。一般来说，直体部分的长、宽、高是决定容量的主要参数。长、宽尺寸原则上不小于 1.2 米，但过大，会增加料斗的高度。料斗的结构是决定料仓是否结拱的重要因素。所谓结拱是指料仓内的物料不能依靠物料重力自然、完全地排出的现象，是饲料厂最常见的一种设备故障。为了避免结拱的产生，料斗的结构应合理。其中，料斗的出口中心应尽量与直体的中心不重合（即偏心料斗）、最小倾角不小于 60°、出口尺寸足够大、内表面平整光滑无毛刺。对于易结拱物料，尽可能不经配料仓掺加配料，必须进配料仓时，配料仓底还应设置破拱装置。

原料进入配料仓需经分配装置完成。常用的有水平输送设备（螺旋输送机或刮板输送机）和分配器。相对而言，水平输送设备具有厂房高度要求较低的优势，而分配器则具有控制容易、节约能耗的特点。

（2）给料器　给料器的作用是保证原料能顺利、均匀地从料仓中卸出，并能有效地控制配料秤的加料。良好的给料器不仅有助于减少料仓结拱的产生，还有利于提高配料的准确度、降低配料动态误差。

目前，国内选用较多的给料器为螺旋式给料器。当料仓出口与配料秤的进口距离过小时，一般选用叶轮式给料器。一般情况下，优先选用螺旋式给料器。为了避免结拱的产生，可在给料器的进口加设机械破拱装置。

（3）料位指示器　料位指示器（简称料位器）是用来显示配料仓内物料的位置（满仓、空仓或某一高度的料位）的一种监控传感元件。依工作原理分有机械式和电测式两类。目前使用的料位器有叶轮（片）式、阻旋式、薄膜式、电容式、电阻式及感应式等。一般安装在料仓的上部和底部位置，分别称为上料位器和下料位器，以指示满仓和空仓状态。

4. 配料工艺

最常见的配料工艺流程有一秤式和多秤式等（图 8-12）。对于早期饲料工艺，还有一仓一秤的组合形式。

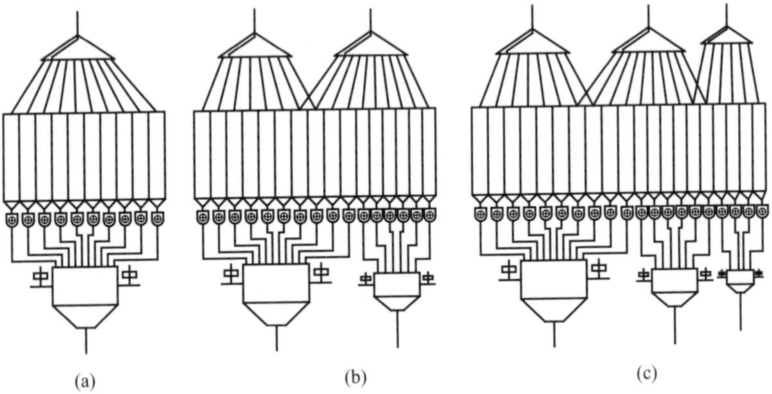

图 8-12　配料工艺流程

（a）一秤式；（b）双秤式；（c）三秤式

一秤式配料工艺是在 6～10 个配料仓的小型饲料加工厂中。配料由一台电子配料秤完成。这种配料工艺形式配料周期较长，小配比原料的称量误差较大，但设备投资较少。

多秤式配料工艺是指并列使用两台及以上配料秤共同完成配料的工艺组合形式。常见的有双秤与三秤两种方式。多秤式配置的基本原理是大配比原料用大量程配料秤计量，小配比原料用小秤计量。其目的是提高配料的准确度，同时，也可缩短配料周期。多秤式配料工艺主要应用于配料仓数在12个以上的中大型配合饲料厂和预混合饲料厂。

六、饲料的混合

1. 混合的一般概念

所谓混合，就是在外力作用下，各种物料组分互相掺和，使之在任何容积里每种组分的含量一致。

根据混合所借助的外力不同，混合的方法有很多，饲料加工工艺中常采用机械混合方式，以搅拌混合为最常见。搅拌混合过程中对流混合、剪切混合和扩散混合三种为主要混合方式。其中对流混合物料以成团的形式作相对流动，混合速度快，但粗略；剪切混合发生在物料的相对滑动的剪切面上，强度较弱；而扩散混合发生在物料呈流态化状态时，物料以单个粒子为单元向四周移动，产生类似于分子扩散的无规则运动。扩散混合的速度相对较慢，但较为细致。

实际上，在混合过程中，三种混合方式总是同时存在的，只是在不同类型的混合设备内，或在同一混合过程的不同阶段，各种混合方式的强度不同而已。同时，分离，即物料按类聚集的现象也存在于各混合过程中，且随着混合时间的推移，其分离的强度一般会增强，最终混合与分离达到动态平衡。

混合均匀是一个统计学意义上的概念，要达到理想的均匀状态是不可能的。国际上多采用统计方法中的“变异系数”作为混合均匀度的描述指标。一般认为，$CV\leqslant7\%$为良好混合状态；$CV\leqslant5\%$为优秀混合状态。我国饲料行业规定，配合饲料生产用混合机应达到$CV\leqslant7\%$；预混合饲料生产用混合机应达到$CV\leqslant5\%$。

2. 混合机

根据分类方法不同，可将混合机分成不同的类型。按工作方式有分批式和连续式两种类型；按主轴的布置形式可分为卧式混合机和立式混合机。而根据运动部件，又可将混合机分为回转筒式和固定腔室两大类。实际应用时常同时采用这种方法分类命名。如分批卧式桨叶式混合机。作为固态粉体的饲料混合，一般以分批式混合机为主选。

选择混合机不仅要满足生产能力的要求，更重要的是选择技术性能指标较高的混合机。要选择混合均匀度高、混合速度快以及残留量低的混合机。同时，具有良好的机械性能，如结构简单、合理，不飞料、不漏料，便于检视、取样和清理。

常用的饲料混合机有分批卧式环带（桨叶）混合机、双轴桨叶式混合机、立式混合机、圆锥行星式混合机、“V”字形混合机以及转鼓式混合机等。

分批卧式环带混合机是一种典型的以对流混合为主、扩散混合共存的机械搅拌式混合机。其混合速度较快、混合均匀度较高的特点，不仅能混合散落性较差以及黏附力较大的物料，也能满足少量液体饲料混合。当添加油脂或糖蜜时，添加量可达10%左右。但该机型占地面积大，配套动力较大。可满足配合饲料生产需要。单轴式分批卧式环带混合机主要组成部分有机壳、转子、出料控制机构和传动机构等。其中，转子为其主要的工作构件。由主轴、支撑杆和环带组成。环带的层数有单层、双层和多层之分，每层环带的条数有单头（一条）和双头（两条）之分。环带的结构不仅要满足物料能快速产生对流，同时还应使物料表面在工作过程中保持水平状态。

工作时，物料在螺状环带的作用下，以团状快速对流、翻滚，按对流混合和扩散混合的方式，快速达到混合均匀状态。随着混合时间的推移，物理特性相近的物料颗粒会聚集起来，产生分离，形成混合和分离的动态并存的状态。因此，为保证良好的混合均匀度，此类混合机应在达到混合均匀时，或混匀之前停止继续混合。最佳混合时间一般在3分钟左右。

相类似地，若在主轴上安装若干只桨叶，则为分批卧式桨叶混合机。其性能与环带混合机相近。

双轴桨叶式混合机是一种分批卧式混合机，具有混合速度快、混合质量优、适应范围广等特点，目前已广泛应用于各类饲料厂。

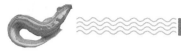

双轴桨叶式混合机主要由机体、转子、喷油装置、出料装置和传动系统组成（图 8-13）。

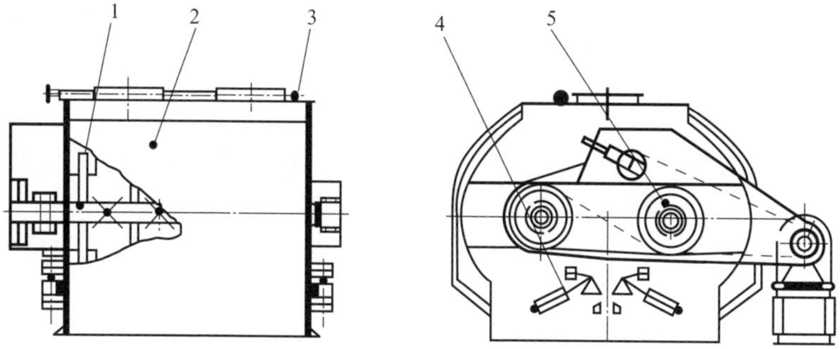

图 8-13 双轴桨叶式混合机结构示意图

1—转子；2—机体；3—喷油装置；4—出料装置；5—传动系统

机体（混合室）为双槽形，其截面积形状如“W”形。机体内装有两组转子。每个转子由主轴、支撑杆和桨叶组成，两个转子上的桨叶交叉布置，轴间距小于转子直径，两者的回转轨迹相互重叠。

双轴桨叶式混合机设置了双开门式卸料门，其控制机构有电动、气动两种形式。少量小型混合机采用人工控制。

双轴桨叶混合机内物料受两个相反旋转的转子作用，进行着对流、剪切和扩散并存的复合运动，即物料在桨叶的带动下围绕着机壳作逆时针旋转运动，同时也带动物料上下翻动，在两转子交叉重叠处形成失重区，在此区域内，不论物料的形状、大小和密度如何，都能使物料上浮处于瞬间失重状态，这使物料在机体内形成全方位的连续循环翻动，相互交错剪切，因此，混合速度快、均匀度高，且分离作用较弱。

立式混合机是以扩散混合为主要混合形式的一种混合机。它借助立式螺旋输送机构，将物料提升至混合室的上部，然后，在重力的作用下落下，在此过程中，利用扩散作用达到混合效果。该机型具有动力消耗少、占地空间小、装卸方便的优点，但因为其混合时间长、残留量大、混合质量较差，已成为淘汰机型，仅适用于饲养场内部，不宜作为商品饲料加工。

圆锥行星式混合机又称圆锥行星绞龙混合机。虽然属于立轴式混合机，由于其螺旋绞龙在作自转的同时，还围绕着锥体混合室作公转，待混合的物料受到强烈、复杂的搅拌，混合效果好，同时，机内残留量小，还可添加液体，物料特性和充满程度对混合效果影响较小。该机型结构复杂，造价较高，目前在饲料行业应用较少，可用于预混合饲料的生产。

“V”字形混合机（图 8-14）是典型的回转筒式混合机。其结构简单，以扩散混合为主。混合速度慢，混合均匀度较好，适用于维生素及药物等微量组分的第一级的预混合。

“V”字形混合机的充满系数较小，适宜的充满系数为 30%。

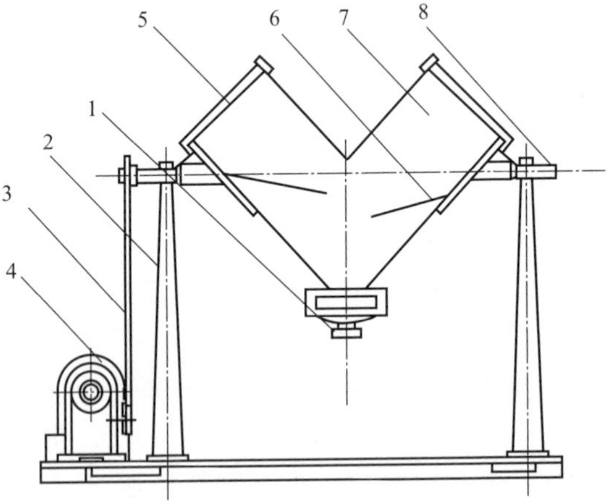

图 8-14 “V”字形混合机结构示意图

1—排料口；2—机架；3—传动带；4—电动机及减速器；5—加料盖；6—抄板；7—“V”字形混合筒；8—转轴

3. 混合质量

混合目的是使多组分物料中的各组分在任意部分中的比例与其

在物料中占有比例趋于一致，亦即达到一种均匀分布状态。但是要达到理想的均匀状态是不可能的。国际上用统计学上的变异系数来描述混合均匀度。

混合均匀度的测定方法是借助对某种易于检测的微量组分（检测组分）的检测，用其分布状况来代表整体的混合均匀状况。检测组分有两类，一类是借助检测饲料中某种易于检测的微量成分，如沉淀法的检测组分为矿物质；另一类是特别添加的易检测的组分，如甲基紫。测定方法参见GB/T 5918—1997《配合饲料混合均匀度的测定》。

对饲料加工的混合质量的评价，应以最终成品的混合质量为准。在饲料加工过程中，有许多影响因素会影响最终成品的混合质量。主要的影响因素主要有混合机机型、混合各组分的物理特性、混合操作以及工艺组成等。

要保证混合质量必须充分考虑各影响因素，采取合理的措施。首先，选用一台优秀的混合机是获得良好混合质量的基本保证。同时，混合各组分的物理特性应尽量接近。饲料生产要做到这一点通常有困难，但对于预混合饲料生产时，应给予充分的注意，即尽量选用与微量组分物理性质相近的稀释剂或载体。主要考虑的物理特性有比重、粒度、表面粗糙度等。操作方面，主要指对混合机的混合时间、进料顺序和装料程度等的控制。通过前面的措施，可以保证出混合机的饲料有较高的混合均匀度。但是混合均匀的饲料在一定的条件下，会产生分离现象，降低其均匀性。因此，要保证成品的混合均匀度，不仅要保证混合质量，还要从工艺角度降低分离的可能性。措施有尽量缩短混合至成品打包的工艺路线、减少物料的装卸过程，或者尽快将粉状饲料制成颗粒饲料。

七、饲料成型

饲料成型就是通过机械作用将粉状单一原料或配合饲料压实并挤压出模孔形成颗粒状或块片状饲料的工艺过程。粉状饲料通过成型加工，不仅能避免均匀性的降低，还可改善饲料的饲养性能，提高其卫生指标。常见的成型工艺有制粒和膨化，对于反刍动物饲料还有压块、压片等。这里简要介绍制粒和膨化。

1. 制粒

制粒就是使用制粒设备，通过一定工艺将粉状饲料制成具有一定长度的圆柱形颗粒。其产品有硬颗粒饲料和软颗粒饲料。两者的区别在于产品的含水率，软颗粒含水率较高，常大于20%，且硬度很低，主要用于饲养场自制自用，不宜作商品饲料；硬颗粒水分含量在安全水分以下，硬度较高，是最常见的颗粒饲料。常用的制粒机为环模制粒机。

环模制粒机主要由喂料器、调质器、压粒机构、传动系统组成（图8-15）。

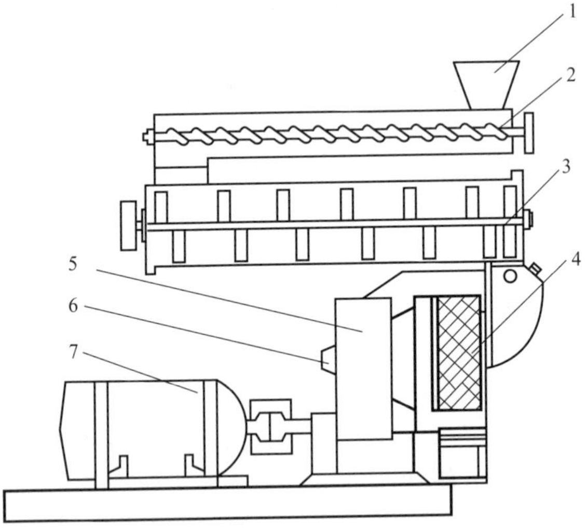

图8-15　环模制粒机结构示意图

1—料斗；2—喂料器；3—调质器；4—压粒机构；5—减速机构；6—压辊固定；7—主电机

给料器（喂料器）：为保证从料仓来的物料能均匀地进入制粒机，通常采用螺旋输送机。调质器将较干的粉状饲料与蒸汽或其他液体原料（如油脂、糖蜜等）充分混合，以改善饲料的成型性能，易于制成颗粒。常用的调质器实际上是设置了喷嘴的桨叶式连续式混合机。为了获得较长的调质时间，常将多台调质器串联使用，即常说的多级调质。当要求饲料有更高的熟化度，如高档鱼虾颗粒饲料生产，调质应选用独立设备调质罐来完成。也可选用膨胀器。

压粒机构是制粒机的核心部分，常称为制粒室。其主要构件包括环模（压模）、压辊、切刀和外壳。其中，环模的直径环是模制粒机的主要规格参数，决定其生产能力。环模模孔的直径和有效长度由成品的品种决定。环模和压辊是制粒机最主要的易损件，是制粒成本的重要组成部分。其制作工艺良好，材质及热处理工艺优秀的环模及压辊是生产高质量颗粒饲料的重要因素。目前所使用的环模多采用优质合金钢、铬钢等材质制造，并采用氮化处理，其表层硬度达53～59HRC，并保证模孔内壁粗糙度不大于1.0。

目前，常用的环模制粒机采用的是“模动辊不动”的工作模式。即环模在主电机的驱动下转动，并通过物料带动压辊自转。物料在进入制粒室后，在辊模的挤压下进入环模模孔成型，被挤出模外，并被安装在外壳上的切刀切成一定长度的颗粒状饲料。驱动主电机的主传动机构有两大类型：一种是以齿轮箱作为减速机构，其传动比准确，但机体较笨重，噪声和振动较大；另一种传动方式为三角带或防滑平皮带减速传动，其运转平稳，有较好的缓冲能力。为了避免因大块异物或过多物料进入压制室后造成模、辊卡死而产生较严重的生产故障，压辊总成采用阻力式固定，如安全销固定或阻尼盘固定。

调质是粉状饲料成型前，通入水蒸气或其他的液体料进行热湿处理，使其中的淀粉糊化、蛋白质等成分变性，提高其成型性能，软化物料，从而提高制粒质量及产量，同时改善饲料的适口性、稳定性，提高饲料的消化吸收率。

现在常见的是水蒸气调质。即将蒸汽压力为0.21～0.4兆帕的干饱和蒸汽通入调质器，对干粉体饲料进行调质。通过调质，粉料达到一定的温度和水分含量，其值视饲料的类型而定。为了保证水产饲料的调质质量，应保证所使用的蒸汽为干饱和蒸汽，并保证有较长的调质时间。使用常规调质器时，常需选用多层带夹层保温式浆叶式调质器，或双轴桨叶调质器，调质时间达 1 分钟左右。若需更长的调质时间（如 20 分钟），可选用熟化罐。

制粒机的出机颗粒料温度在 75～95℃，含水率在 14%～18%。高温颗粒质软易碎、不易保存。因此，应采取一定的工艺降低物料的温度和水分，提高颗粒料的硬度。常采用的工艺为冷却，即利用常温空气冷却物料，同时带走水分。经冷却后，物料温度降至比室温高 3～5℃。水分降至安全水分（12.5%～13.5%）。

饲料加工中使用的冷却设备有卧式冷却器、立式冷却器以及逆流式冷却器（图 8-16）。目前国内最常用的为逆流式冷却器。当厂房高度较为紧张时，选用卧式冷却器是较好的选择。

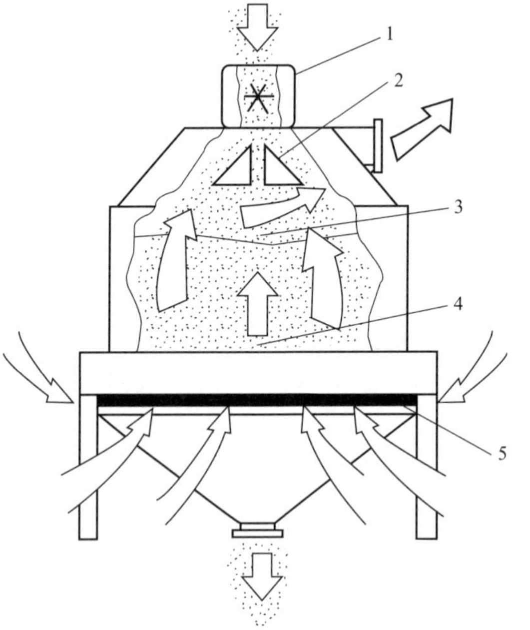

图 8-16　逆流式冷却器工作原理示意图

1—喂料器；2—分散器；3，4—料位器；5—排料机构

逆流式冷却器实际上也属于立式冷却器的一种，由于其冷却流

程与老式立式冷却器不同，因此冷却效果好，受到广泛应用，而老式立式冷却器已遭淘汰。逆流式冷却器基本工作流程为热温物料从设备上部进入机体内，堆积一定的高度，底部以一定的速度排出，并在生产过程中保持一定的料层高度；常温空气从设备底部进入，并穿过物料层，由机体上部排出机体。空气在与热温物料接触过程中，产生热湿交换，使物料水分及温度下降，同时，空气变得热而潮。由于工作过程中，物料和空气逆向流动，避免了低温空气与高温物料直接接触，使物料产生骤冷现象，防止了颗粒表面开裂。

根据排料机构的结构，逆流式冷却器有滑阀式和翻板式两种机型。翻板式逆流式冷却器在减小颗粒被破碎的概率方面有一定的优势。

影响冷却效果的主要因素有环境条件、冷却时间、颗粒直径、通风量等。

环境条件主要指空气相对湿度。相对湿度愈低，冷却效果愈好。显然，冷却时间越长，冷却效果越好，但会降低产量。最短冷却时间需满足水分由颗粒中心部位移动至表面所需时间，一般与颗粒直径有关。因此，大颗粒相对小颗粒需要更长的冷却时间。通风量是指单位时间流过冷却物料的空气量，由冷却风网中的通风机提供。通风量的大小与颗粒直径和生产率相关。表 8-1 列出了不同直径颗粒的单位产量最短冷却时间和需要最小通风量。

表 8-1　颗粒饲料所需最短冷却时间和需要最小通风量

颗粒大小/毫米	最短冷却时间/分钟	需要最小通风量/[米^3/(分钟·吨)]
4.0～4.8	5～6	22.6
6.4	6～8	25.5
9.5	7～8	28.3
12.7	8～10	31.1
19	12	31.1
22	15	34

另外，物料组成成分对冷却效果也有一定的影响。如高糖蜜含量的颗粒饲料，相对普通饲料而言，应有更长的冷却时间方可达到相同的冷却效果。

为了满足鱼花、幼鸡等幼小动物的采食需要，常需将较大的颗粒饲料破碎成较小的碎粒料。通过破碎工艺生产小颗粒的碎屑料，相对于直接压制小粒径颗粒饲料而言，不仅可提高产量、降低电耗，同时，还增大了饲料的表面积，更有利于幼小动物的消化。

破碎机的主要构件是成对的、表面拉有条状磨齿的柱形磨辊。成对的磨辊相对转动，但转速不同，分别称其为快辊和慢辊。工作时，待破碎的颗粒，从两辊间通过，在磨齿的挤压、剪切、搓擦作用下，破碎成小碎粒。

根据成品品种和粒度的不同，磨辊的磨齿拉制的方向和齿的大小是不同的。

经制粒、冷却，特别是破碎后，颗粒饲料群中各个体的粒度不同，同时，还含有一定量的粉状饲料，因此，需采取一定工艺将其按粒度分级，去除其中粒度不合格的部分。利用筛分设备可完成这一工艺目的。

目前使用最广泛的是平面回转分级筛（图 8-17）和振动筛两种，安置在破碎机后。为了保证成品中不含有粉状物料，在成品打包之前可加设振动筛或溜筛。

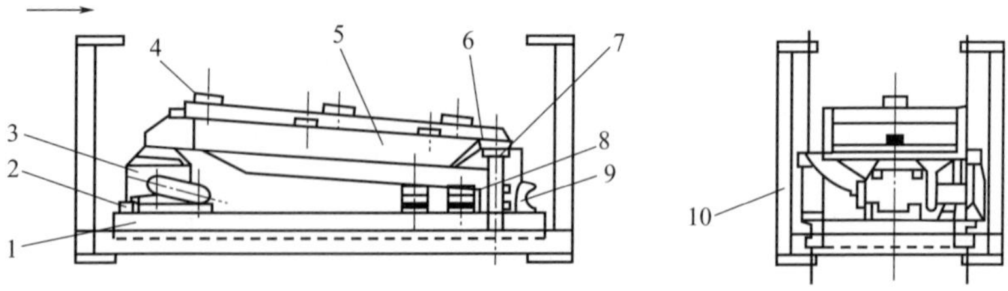

图 8-17　平面回转分级筛

1—机座；2—电机；3—传动机构；4—进料口；5—筛体；6—滑动支撑；7—拉杆；8—出料口；9—吊索；10—机架

根据成品品种的不同，分级筛可设置 1～3 层筛面。

2. 颗粒饲料的加工质量及影响因素

(1) 颗粒饲料的加工质量　颗粒饲料的加工质量有感官指标和物理指标两类。感官指标主要要求颗粒的形状均匀，表面无裂纹、毛刺，有光泽等。物理指标包括直径、长度、水分、密度、硬度、粉化率及水中稳定性等。直径视饲喂动物的品种及所处生理阶段而定，长度一般为直径的1.5～2倍。水分在安全储存水分限值以下。硬度适中，粉化率≤10%，含粉率≤4%。

(2) 影响颗粒饲料加工质量的因素　影响颗粒饲料加工质量的因素主要有原料、调质效果、制粒设备的质量及操作、加工工艺等几个方面。

原料的影响主要来自成分结构及粒度。蛋白质、淀粉、纤维素、油脂、黏结剂等成分的含量及品质均对颗粒的加工质量有重要影响。一般来说，蛋白质、淀粉、适量的纤维素和少量的油脂、黏结剂都有利于提高颗粒的加工质量。

制粒机的型式和整体制造质量，对颗粒饲料的加工质量有重要的影响，其中环模结构参数（如环模孔形状、有效长度、孔径等）对制造（如材质、热处理等）影响最为明显。

操作因素主要有流量的控制、蒸汽质量及蒸汽量的控制、模辊间隙及切刀的调整。物料流量应适中、均匀稳定；调质过程中蒸汽应尽可能去除其中的冷凝水，蒸汽量应视物料组成及流量大小进行调节，稳定供给。

3. 饲料膨化

膨化是将粉状饲料（含淀粉或蛋白质）经水热调质或不经调质后，送入膨化机内，在机械力的作用下，升温、增压，然后挤出模孔、骤然降压，其内水分子迅速汽化，使物料膨胀，变成多孔颗粒饲料的工艺。

膨化可提高饲料中营养物质的消化率，杀灭多种细菌，破坏其中的抗营养成分，从而获得良好的饲养效果。同时，经膨化还可改变饲料在水中的浮沉特性，更便于不同水层水产动物的采食。现广泛应用于鱼饲料、乳猪饲料，以及实验动物、观赏动物饲料。但是膨化饲料也存在一些不足之处，如维生素 C 等营养物质的破坏较高，加工成本较高。

（1）膨化机　饲料加工用膨化机一般为螺杆挤压式膨化机，先调质后膨化称为湿法膨化，主要用于饲料的生产；而不经调质直接膨化称为干法膨化，多用于单一饲料的处理。

螺杆挤压式膨化机有单螺杆和双螺杆之分。单螺杆膨化机主要由进料装置、喂料绞龙、调质器、膨化机构、模板、切刀及传动装置等组成。膨化机构件主要包括筒体、螺杆、成型模、切割机构、温度调节、加热夹套等。工作时，物料在膨化腔内，受螺杆的作用加压升温，通过模板成型、挤出后，瞬时减压膨化，再由切刀切成一定的长度。

双螺杆膨化机与单螺杆膨化机（图 8-18）的膨化机理基本相同，所不同的是膨化所需要热量不只靠挤压物料产生的“应变热”

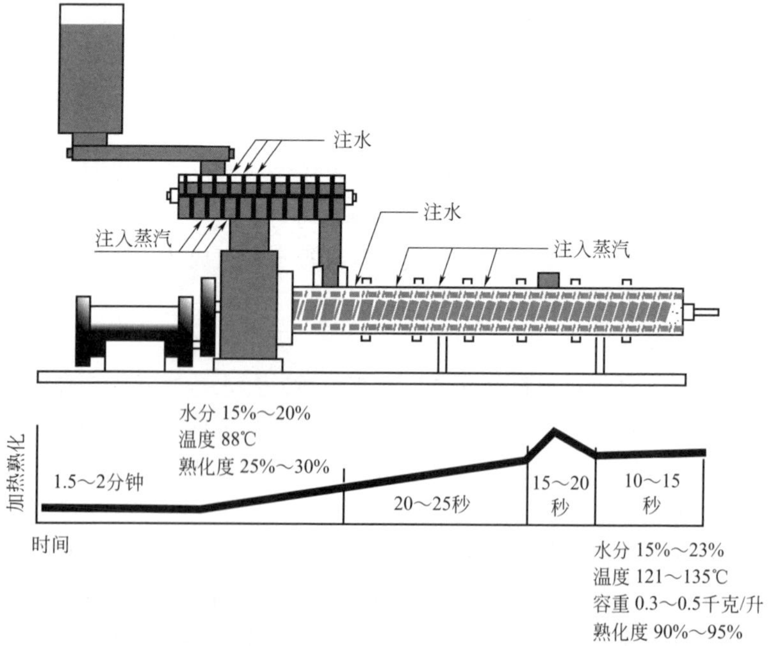

图 8-18　单螺杆挤压式膨化机及其机筒内工作状况示意图

（机械热），还设置有专门的外部热控温装置，而螺杆的主要作用是推进物料。在生产高油脂、高水分、幼鱼开食料的小粒径饵料加工过程中，双螺杆膨化机的优越性尤为突出。

膨胀器（图 8-19）的主要结构与膨化机很相似，其不同之处在于膨胀器的出料口开度可在一定范围内任意调节，使螺杆对物料的挤压力在一定范围内调整。因而可根据需要生产各种膨化率不同的膨胀料。膨胀料可以直接生产膨胀粗屑料。

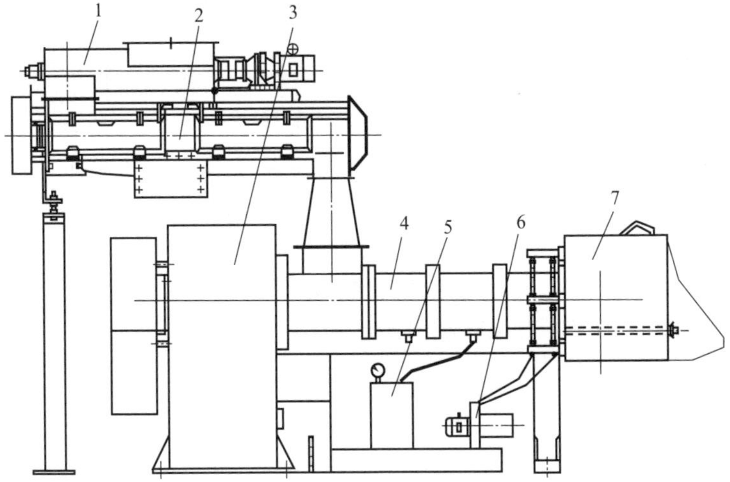

图 8-19　膨胀器结构示意图

1—喂料器；2—调质器；3—主传动箱；4—螺杆螺套总成；5—停机植物油添加系统；6—减压泵；7—环形隙口出料机构

膨胀料的特点：①对饲料原料选择范围广，可利用廉价原料，降低生产成本。②由于受螺杆的挤压作用，物料温度可达 110℃（由于热敏性饲料的影响控制在 110℃），提高了淀粉熟化程度，使淀粉进一步水解，从而增加动物的消化率，提高饲料转化率，并在膨胀过程中杀死沙门菌，起到卫生处理的作用。③增大添加液体饲料（糖蜜、油脂）的比例，可产生高能量的饲料。④生产膨胀颗粒料，可提高制粒机环模的效率，即增加制粒机的产量，降低制粒机的吨料电耗，并能适用多种配方的制粒。

(2) 膨化工艺　在膨化生产工艺中，物料在膨化加工前要进行良好的调质，根据饲养对象的不同，如生产浮性、慢沉性和沉性饲料时，都要加入不同量的饱和水蒸气，使物料达到一定的温度和湿度（含水率），并且含水率的多少直接影响到物料的糊化程度和沉浮性能，另外再经过膨化螺杆的高温高压作用，使物料变成了熔融状。刚出机的产品水分在22%～28%，温度在80～135℃。这样高的产品一般较软，不便储存与运输。为提高物料的硬度，一定要对膨化产品进行干燥和冷却处理。

膨化产品的干燥通常选用连续输送式干燥机进行处理（图8-20）。高温高湿物料进入干燥机，产品被均匀地散布在移动着的输送器上，料层的厚度取决于膨化机的生产能力和输送带的线速度。热空气一般以1米/秒的速度穿过产品的料层，作用于物料的温度范围为100～200℃。由于干燥过程是一个时间与温度的关系，所以干燥机内提供的有效干燥面积决定着所需的空气温度。为增加干燥面积，通常干燥器做成多层形式。

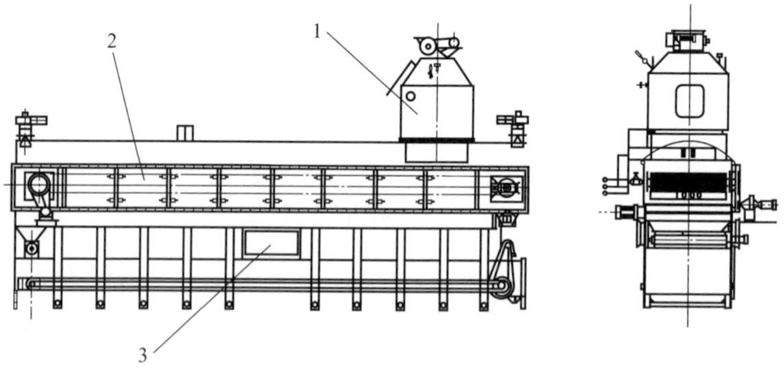

图8-20　熟化、干燥、冷却组合机

1—熟化部分；2—干燥部分；3—冷却部分

产品经过干燥以后，物料水分降低了，但温度较高，必须冷却。通常将干燥机和冷却器设计成整体，即干燥/冷却机。在这种设计中，多通道干燥机的上部为干燥，下部为冷却。物料的冷却一般采用吸风的方法，借助周围空气来完成冷却和干燥。

膨化饲料的含粉率要求比较严格，要求在1%以下。因此，在冷却后、打包前，需设置一道筛选工序，筛去其中的细粉。

八、饲料成品的发放

成品发放分为散装发放和包装发放两种形式。

1. 散装发放

散装成品仓→散装车→称量→发放

2. 包装发放

待打包仓→包装秤→灌包机→缝口机→输送设备→成品库→发放

散装成品仓的容量由散装成品占总产量的比例确定。待打包仓的容量为可存放生产1小时以上的产品量。打包机的生产能力应略大于成品的生产能力。

第二节

黄鳝、泥鳅饲料加工的基本要求

一、黄鳝饲料加工的基本要求

黄鳝喜食柔软黏着的面团状饵料，而不太喜欢硬度较大的固态型饲料（如硬颗粒饲料）。黄鳝饲料一般多加工成粉状料，在投喂时再加水搅拌成面团状以便黄鳝取食。黄鳝饲料除了在配方中要使用黏结性较好的原料外，其粒度要求高，一般在

100目以上。因此，黄鳝饲料加工工艺一般应采用二次粉碎工艺，且第二次粉碎操作宜采用微粉碎机。其加工工艺示意图如图8-21所示。

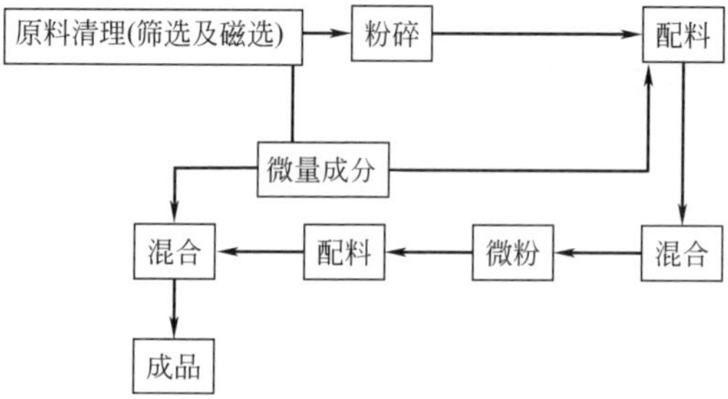

图8-21　粉状黄鳝饲料加工工艺示意图

二、泥鳅饲料加工的基本要求

根据泥鳅的生活习性，泥鳅饲料对加工的要求有以下几点：其一，由于泥鳅的消化道的特殊性，泥鳅饲料应有较细的粒度。一般其粉碎粒度可控制在40～60目。其二，为便于泥鳅于底层采食，泥鳅饲料应具有沉性。一般可选用硬颗粒饲料。若生产膨化饲料时，应以沉性膨化饲料为主。其三，为了保证饲料的利用率，减少水体污染，泥鳅饲料应有较好的水中稳定性。

基于以上要求，泥鳅饲料加工工艺应以二次粉碎工艺为佳，以保证较细的粉碎粒度和良好的加工效率。若生产硬颗粒泥鳅饲料，除了配方有利于饲料黏结成型外，制粒工艺应能保证物料有良好的熟化度，采用较高的调质温度（一般在90℃左右）和较长的调质时间。另外，为了保证成品中尽量不含粉末，以减少饲料的浪费，成品包装前应加设振筛机。图8-22为泥鳅硬颗粒饲料加工工艺示意图。

膨化饲料虽然加工成本高，加工技术要求高，但其具有物料熟化程度高，产品水中稳定性好，动物对饲料的消化吸收率高，

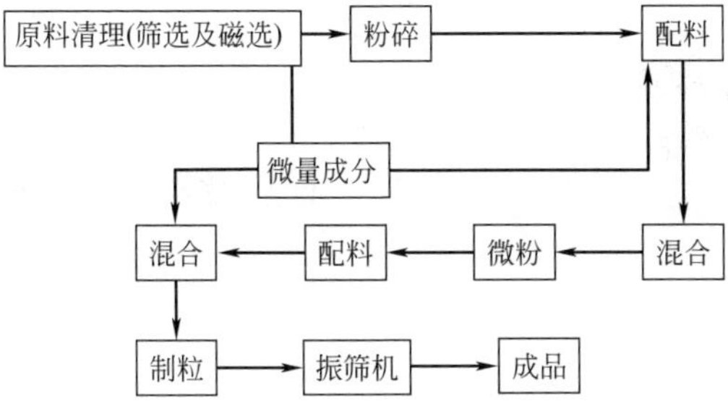

图 8-22 泥鳅硬颗粒饲料加工工艺示意图

在水中散失率低于硬颗粒饲料等优点，将会是泥鳅饲料的发展方向。

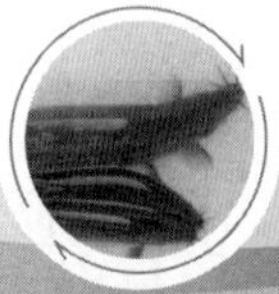

·REFERENCES·

参考文献

[1] 黄峰．水产动物营养与饲料学［M］．北京：化学工业出版社，2011.

[2] 熊家军，宋淇淇．黄鳝健康养殖新技术［M］．广州：广东科技出版社，2008.

[3] 赵昌廷．巧配水产动物饲料［M］．北京：中国农业科学技术出版社，2012.

[4] 叶元土，蔡春芳，等．鱼类营养与饲料配制［M］．北京：化学工业出版社，2013.

[5] 宋青春，齐遵利．水产动物营养与配合饲料学［M］．北京：中国农业大学出版社，2010.

[6] 孙颖民，石玉，郝彦周．水产生物饵料培养实用技术手册［M］．北京：中国农业出版社，2000.

[7] 成永旭．生物饵料培养学（第二版）［M］．北京：中国农业出版社，2005.

[8] 王冬武，高峰．泥鳅生态养殖［M］．长沙：湖南科学技术出版社，2013.

[9] 许洁，陈威，艾春香．黄鳝的营养需求研究及其配合饲料质量评价［J］．饲料工业，2011，32（4）：33-38.

[10] 李爱杰．水产动物营养与饲料学［M］．北京：中国农业出版社，1996.

[11] 石文雷，陆茂英．鱼虾蟹高效益饲料配方［M］．北京：中国农业出版社，1998.

[12] 杨代勤，陈芳，袁汉文．黄鳝规模化健康养殖技术［M］．北京：中国农业出版社，2012.

[13] 范太华．黄鳝、泥鳅养殖技术［M］．北京：中国水利水电出版社，2000.

[14] 徐在宽．黄鳝泥鳅饲料与病害专家谈［M］．北京：科学技术出版社，2002.

[15] 袁汉文．黄鳝繁殖生物学与养殖集约化［M］．北京：中国农业出版社，2011.

[16] 王育锋，彭秀真，周嗣泉，等．黄鳝全价配合饲料的研制［J］．饲料研究，1996（4）：8-10.

[17] 李瑾，何瑞国，张世萍，等．不同饲料蛋白源对幼鳝生长和饲料利用的影响初探［J］．饲料工业，2001，22（8）：11-14.

[18] 闫建林，储张杰，龚世园，等．饲料蛋白质含量对黄鳝生长的影响［J］．湖北农

业科学，2009，48（1）：156-158.

[19] 蒋宗杰，贺建华，高启平，等．泥鳅专用饲料初探［J］．饲料与畜牧，2010，7：20-22.

[20] 贺小凤，凌去非，李彩娟，等．日粮中不同硒水平对大鳞副泥鳅肌肉品质的影响［J］．饲料工业，2013，34（2）：28-33.

[21] 张家国，冷向军，罗艳萍．泥鳅幼鱼对饲料中脂肪的营养需求量研究［J］．中国水产，2010,7：66-68.

[22] 陈芳，刘百韬，杨代勤，等．黄鳝配合饲料的研制及饲养试验［J］．饲料工业，1998，19（3）：36-37.

[23] 郑必锦．黄鳝配合饲料的试验研究［J］．广东饲料，2003（12）：21-23.

[24] 舒妙安，朱炳全．黄鳝人工配合饲料网箱养殖试验［J］．淡水渔业，2000，30（4）：25-26.

[25] 陈芳，杨代勤，阮国良，等．黄鳝对饲料中胆碱的需要量［J］．大连水产学院学报，2004，19（4）：268-270.

[26] 程玉冰，夏伦志，张新，等．不同蛋白质和添加剂水平对黄鳝生长性能及肉品质的研究［J］．饲料研究，2009（1）：58-63.

[27] 杨代勤，陈芳，李道霞，等．黄鳝的营养素需要量及饲料最适能量蛋白比［J］．水产学报，2000，24（3）：259-262.

[28] 曹志华，罗静波，文华，等．肉骨粉、豆粕替代色粉水平对黄鳝生长的影响［J］.长江大学学报（自然科学版）农学卷，2007，4（1）：28-33.

[29] 杨代勤，严安生，陈芳．几种氨基酸及香味物质对黄鳝诱食活性的初步研究［J］．水生生物学报，2002，26（2）：205-208.

[30] 王松，储张杰，龚世园，等．饲料中脂肪含量对黄鳝生长的影响［J］．水利渔业，2008，28（3）：67-68.

[31] 杨鸢劼，邴旭文，徐增洪．不饱和脂肪酸对黄鳝部分非特异性免疫和代谢指标的影响［J］．中国水产科学，2008，15（4）：600-606.

[32] 袁汉文，杨代勤．卵磷脂对黄鳝生长及肝脏与肌肉脂肪含量的影响［J］．水利渔业，2007，27（4）：102-103.

[33] 肖志猛，姚鹃，汪成竹，等．免疫多糖（酵母细胞壁）对黄鳝免疫保护力的增强作用［J］．长江大学学报（自然科学版）农学卷，2006，3（2）：155-160.

[34] 徐海华，李兆文，汪成竹，等．免疫多糖对受免黄鳝免疫保护力的增强作用［J］.华中农业大学学报，2007，26（1）：80-84.

[35] 曹志华，文华，温小波，等．维生素 C 对黄鳝非特异性免疫机能的影响［J］．长江大学学报（自然科学版），2008. 12，5（4）：41-44.

[36] 曹志华，罗静波，余文斌．维生素 C 对黄鳝生长和非特异性免疫机能的影响［J］．长江大学学报（自然科学版）农学卷，2009. 9，6（3）：27-29.

[37] 杨代勤，陈芳，阮国良．饲料中添加胆碱对黄鳝生长、组织脂肪含量及消化酶活性的影响［J］．水产学报，2006，30（5）：676-682.

[38] 张燕萍，谢宪兵，周秋白．维生素 E、维生素 C、HUFA 和二氢吡啶交互作用对黄鳝繁殖性能的影响［J］．养殖与饲料，2007（10）：49-55.

[39] Tan Q S, He R G, Xie S Q, et al. Effect of Dietary Supplementa-lion of Vitamins A, D3, E, and C on Yearling Rice Field Eel, *Monopterus albus*: Scrum Indices, Gonad Development, and Metabolism of Calcium and Phosphorus［J］. Journal of the World Aquaculture Society, 2007, 38（1）: 146-153.

[40] 李光友，于义德，姜玉香，等．光合细菌作为对虾育苗期饵料添加剂试验［J］．研究报告，1993. 3，（1）：52-54.

[41] 刘中，于伟君，刘义新，等．光合细菌在淡水养殖中的应用研究［J］．水产科学，1995，14（1）：13-17.

[42] 王育锋，彭秀真，周嗣泉，等．利用光合细菌提高淡水养殖池塘生态能量转换效率［J］．水产学报，1993. 9，17（3）：253-256.

[43] 庞金钊，井树桂．光合细菌及其在对虾养殖业中的应用［J］．海湖盐与化工，1994，23（6）：11-13.

[44] 邹叶茂，蒋火金．微生态制剂在泥鳅高密度养殖中的应用［J］．中国水产，2011，（11）：54-55.

[45] 罗艳萍、冷向军等．泥鳅幼鱼对饲料中蛋白质的适宜需要量研究［J］．安徽农业科学，2009，37（18）：8541-8543，8692.

[46] 叶文娟等．饲料蛋白水平对泥鳅幼鱼生长和饲料利用的影响［J］．水生生物学报，38：571-575.

[47] 黄雪．泥鳅蛋白质和能量需要量研究［N］．西北农林科技大学，2011.

[48] 何吉祥等．异育银鲫幼鱼对蛋白质、脂肪及碳水化合物需求量的研究［J］．安徽农业大学学报，2014，41（1）：30-37

[49] 罗艳萍，张家国．泥鳅饲料中蛋白质、脂肪和磷的适宜水平研究［D］．上海海洋大学，2009.

[50] 孙翰昌．维生素 E 对泥鳅生长性能及消化酶活性的影响［J］．中国饲料，2013. 18：34-37.

[51] 宋天复等．氨基酸对金鱼摄食活动的影响．动物学杂志，1989，24（3）：19-23.

[52] 周洪琪．pH 对鱼类化学感觉的影响．水产学报，1988，12（2）：169-173.

[53] 林启训等．配合饲料对泥鳅鱼体营养成分的影响［J］．福建农业大学学报，2001.

[54] 常艳利．泥鳅仔鱼的摄食、生长及其幼鱼继饥饿后的补偿生长研究［D］．河南师范大学，2012.

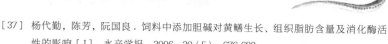

[55] 李正友等．泥鳅肌肉脂肪酸的组成成分分析 [J]．贵州农业科学，2010，38（11）：185-188.

[56] 刘扬，吴剑波，周小秋．幼建鲤维生素 E 缺乏的病理学观察 [J]．四川农业大学学报，2010，28（2）：211-214.

[57] 肖金星，邵庆均．维生素 E 在水产动物饲料中的应用 [J]．中国饲料．2009，21：22-25.